企业环境信息披露的动机及其经济后果研究

武剑锋 ◎ 著

MOTIVATION AND
ECONOMIC CONSEQUENCES OF ENTERPRISE
ENVIRONMENTAL INFORMATION DISCLOSURE

本项目得到“二外竞先文库”成果出版资助

经济管理出版社
ECONOMY & MANAGEMENT PUBLISHING HOUSE

图书在版编目（CIP）数据

企业环境信息披露的动机及其经济后果研究/武剑锋著．—北京：经济管理出版社，2019.7

ISBN 978-7-5096-6516-9

Ⅰ.①企…　Ⅱ.①武…　Ⅲ.①企业—环境信息—信息管理—研究—中国　Ⅳ.①X322.2

中国版本图书馆 CIP 数据核字(2019)第 068493 号

组稿编辑：王光艳
责任编辑：李红贤
责任印制：黄章平
责任校对：张晓燕

出版发行：经济管理出版社
（北京市海淀区北蜂窝 8 号中雅大厦 A 座 11 层　100038）
网　址：www.E-mp.com.cn
电　话：（010）51915602
印　刷：北京虎彩文化传播有限公司
经　销：新华书店
开　本：720mm×1000mm/16
印　张：12.25
字　数：186 千字
版　次：2019 年 5 月第 1 版　　2019 年 5 月第 1 次印刷
书　号：ISBN 978-7-5096-6516-9
定　价：58.00 元

前 言

习近平主席在中国共产党第十九次全国代表大会中做出“美丽中国‘四大举措’”明确部署，强调着力解决突出环境问题、调整产业结构、推进绿色发展，我国已进入全面建成小康社会决胜期，环境战略和环境安全对于我国经济稳定和经济发展都至关重要。然而，从全球范围来看，环境仍在不断恶化，环境问题已成为当代尖锐而复杂的矛盾体，无形中对企业战略和消费者产生巨大的影响。在过去十几年中，我们见证了企业逐渐将环境要素放在了某个重要位置，但这是远远不够的，因为当企业自身利益与环境保护发生激烈冲突时，很多管理层便将环境管理流于形式，这种情况在我国尤为突出。与企业行为形成鲜明对比的是，政府为保障社会整体福利，给企业环境管理制造的门槛不断抬高，2015 年开始正式施行的《中华人民共和国环境保护法》被称为“史上最严厉”环保法，其中第五章明确规定，重污染企业需及时向社会公开污染物排放情况和环保执行情况，环境违法信息将被实时公布于众，同时将对落后的生产工艺和产品实行淘汰制；同时，环保部 2014 年末发布的《关于改革调整上市环保核查工作制度的通知》也指出，未来督促上市公司承担环保责任，主要依靠企业及时、准确地公开环境信息、定期发布环境报告书实现。很明显，环境信息披露将成为未来我国理论研究和实践应用的关键。

环境会计是联系企业和环境的最佳载体，环境信息披露主要经由环境会计这个关键媒介实现。环境会计现在有两大环节急需突破，一是环境信息披露，二是企业环境和经济的关系问题。环境信息披露是由于应用领域的紧迫性所致，而了解环保投入和经济产出之间究竟是协同还是妥协的关系，才能真正给企业以指导，促进真实的、高质量的环境信息披露行为。以此为背景，本书从这两大关键点出发，在组织合法性理论、信息不对称理论、委托代理理论、博弈论、可持续发展理论等相关理论的基础上，构建了内、外部治理因素—环境管理—企业价值的逻辑框架，探讨上市公司进行环境信息披露的动机以及带来的经济后果。

本书采用规范研究与实证研究相结合的研究方法，具体讨论了以下四个问题：首先，依据文献总结，将企业环境信息披露的动机集中在外部尺度构建多元回归模型，并探讨环境透明度对股权融资成本的影响；其次，分析以公司治理为代表的内部治理水平对环境绩效的影响，并探讨了政治关联在其中所起的作用；再次，将视野集中在企业环境行为本身，讨论环境绩效和环境信息披露的相互关系，并以此为契机，探究了政治关联抑制环境绩效和环境信息披露方面的不同机理；最后，以企业获得ISO14001环境管理认证的时间为节点，对比认证前后企业价值增长情况。上海证券交易所（以下简称上交所）2008年5月单独发布了《上海证券交易所上市公司环境信息披露指引》，且已有学者证实深圳证券交易所（以下简称深交所）环境尺度的社会责任披露情况明显低于上交所，故本书将研究对象限定在2009~2013年沪市A股重污染行业上市公司。通过对以上四个问题的研究，本书得出如下主要结论：

第一，企业进行环境信息披露更多受外部压力的推动，进而降低了股权融资成本，但是，以政府管制、媒体监督和行业内竞争为代表的外部治理水平，在促进货币性环境信息与股权融资成本负向关系方面优于非货币性环境信息，这是由非财务性环境信息较高的可操控性和较低的可参考性导致的。这一结论对于指导环保部门完善环境信息披露准则、制定标准化的环境报告书模板具有很强的现实意义。

第二，股权性质、董事会规模、两职分离会促进环境绩效水平，未发现高管薪酬和独立董事比例与环境绩效的显著相关性，从侧面说明我国独立董事的尴尬情形以及高管薪酬更多与经济绩效挂钩的现状。政治关联在环境管理中的角色则

是完全的负面资源，它会诱导企业逃避环保投资，影响环境尺度的市场效率；更为严重的是，它会降低公司治理的效率和水平，弱化内部治理带给绿色绩效的正面效果。

第三，企业通过披露环境信息向外界做出郑重申明，环境绩效好的企业环境信息透明度更高，而政治关联会显著抑制环境透明度，成为企业回避环境管制最合适的切入口，不过政治关联对环境绩效与货币性环境信息披露关系的影响远大于非货币性环境信息，证实了企业会尽量利用政治资源回避参考性较高和操控性较低的货币化环境信息，对于容易以“量”取胜的非货币化环境信息，隐瞒的动力较低。

第四，通过 ISO14001 标准会给企业的主营业务收入和所有者权益增长带来积极正面效应，促进企业价值增长，即 ISO14001 标准认证为企业提供了有效的环境管理模式，鼓励企业积极实施低碳经济和循环经济，故企业进行环境管理以提高环境绩效水平与财务绩效的增长并不矛盾。

本书的主要贡献在于：其一，传统研究主要将环境信息披露的动机集中在企业内部，本书在此基础上，将环境信息披露的研究视角定位于全方位的外部性压力，探讨外部治理、环境信息到融资成本的影响路径；其二，利用 Janis－Fadner（J－F）系数法，从环境法规、环保目标和政府奖惩三个维度构建和计算环境绩效指数，完善了环境绩效评价指标，扩展了环境信息披露的后果；其三，首次将政治关联纳入环境绩效和环境信息披露的研究视野，探讨其阻碍环境管理的不同机理，并由此发现货币性环境信息和非货币性环境信息的现实差异，为政府政策的制定提供依据。

总体来说，有信心的企业积极进行环境管理，带来的环境绩效经由财务绩效对企业价值产生影响，在资本市场场合，还会通过信息披露机制发挥作用，进而因投资者的定价影响企业价值。然而，一方面，环境问题是复杂而长期的，加之我国的环境会计仍是极年轻的领域，本书仅能通过对环境信息披露、环境绩效和经济绩效的研究来抛砖引玉；另一方面，囿于能力，疏漏之处在所难免，恳请各位同仁不吝赐教，以日臻完善。

目　录

第一章
导论

就针对监管企业环境行为的政策而言，近年有两件大事：一件是2015年1月1日起开始正式施行最新版《中华人民共和国环境保护法》，法规更为严格，排污单位不仅需要及时向社会公开污染排放信息和环保运行情况，其环境违法行为还将被记入社会诚信档案并公布于众；另一件是环境保护部（现改名生态环境部）于2014年10月19日发布《关于改革调整上市环保核查工作制度的通知》，各级环保部门今后将停止受理和开展上市环保核查工作，未来督促上市公司切实承担环境保护社会责任，主要依靠企业及时准确地公开环境信息、定期发布环境报告书实现。也就是说，对重污染企业的环境监督将以企业自主披露环境信息为主，环境信息披露的理论研究和实践重要性由此被拔高到了前所未有的水平，而环境会计作为联系企业和环境的最佳载体，不但承担着记录和分析与企业环境有关经济活动的责任，更是向外界提供企业多方位数据的关键媒介。然而，政府和企业有个根深蒂固的认识——环境投入会限制企业发展，政府一方面为满足社会整体利益，要求企业控制环境污染以保持外部环境未来的持续收益能力，另一方面又希望企业能够有好的经济发展势头，这就可能诱导企业先经济发展后保护环境。本书以环境信息披露为切入点，研究环境管理与企业价值的内在联系，为企业积极进行环境保护提供依据和信心。

第一节 问题的提出

从理论界看，环境会计是从企业社会责任中延伸和细分出来的，环境信息披露和环境绩效则是其中的研究重点，国外的理论和实践探讨较为成熟，我国由于缺少相关准则和市场约束，研究重心仍集中在内涵、模式、目的等理论框架上。王立彦（1999）通过问卷调查研究了企业在环境支出方面的核算内容及账务处理方法，使我们对环境会计实务有了初步认识，为后续的环境会计信息披露研究打下基础，但总的来说，我国该领域的探索和实践仅开始几年。从实践情形看，发达国家已形成完整的环境会计制度和环境会计体系，我国环境信息披露水平远远落后于发达国家，难以实现约束企业经营行为以保护环境的目的，特别是2015年以后，环境信息披露成为监管企业环境行为的主要手段，外界对环境管理相关研究成果的需求更为迫切。

企业开始污染环境、破坏生态、浪费资源时属于隐性成本，由于信息不对称，外部利益相关者对此并未施加压力，但随着环境风险的持续增高，隐性成本累积到一定程度，如大规模民众因为环境污染患病、一个地区的水或粮食不再能食用，“寂静的春天”① 来临之时，就会转化成显性成本，降低企业竞争力，这个成本甚至可能使企业一夜间破产消失，所以，企业在履行显性契约的同时不能忽略隐性契约的重要性，若一味追求经济效益忽略环境风险，政府、媒体和公众可能给企业带来意想不到的经济损失。更进一步说，企业若想提高竞争优势，只

---

① 《寂静的春天》，作者：蕾切尔·卡逊，美国人，该书出版于1962年，标志着人类首次关注环境问题，是环境学界最有影响力的作品之一，文中惊世骇俗地指出了农药对人类环境的危害，春天将不再百花齐放、百鸟争鸣，再也听不到燕子的呢喃和黄莺的啁啾，未来的春天将寂静无声。这本著作当时受到了社会各界的猛烈抨击，作者两年后心力憔悴与世长辞，但是农药的危害开始渐渐显现，此后各环境保护组织纷纷成立，促使联合国于1972年6月12日在斯德哥尔摩召开了第一届“人类环境大会”，标志着全球环境保护事业的开端，我国的环境保护事业也是从停止DDT（即文中的农药）生产开始的。

拥有有形资产是不够的，独特的无形资产更难获得，也更难被模仿和替代，可以为企业带来区别于同类竞争企业的差异化，我们看待环境投入时，不要仅仅将它看作成本，其实它更有可能转化成一种竞争力。因此，本书通过探讨企业环境行为对财务绩效的正面作用，鼓励企业有长远的眼光积极进行环境管理、降低环境风险，实现经济与生态的协同发展。

第二节 研究思路

如图 1－1 所示，本书的研究思路共分为三条主线：外部治理→环境信息披露→融资成本、内部治理→环境绩效→企业价值增长、环境绩效→环境信息披露。环境信息披露从某种程度上讲，是企业的一种环境行为，第一条主线外部治理→环境信息披露→融资成本研究的是哪些因素影响企业的环境透明度，又会对融资成本带来什么后果，即图中关于行为驱动研究的部分；环境绩效体现了企业环境管理水平的最终效果，第二条主线内部治理→环境绩效→企业价值增长从组织内部探讨了公司治理会带来怎样的环境绩效水平，环境绩效水平又会如何影响企业价值增长，即图中关于结果驱动研究的部分；最后一条主线回归到环境本身，通过环境绩效→环境信息披露探讨环境管理结果如何反映在企业环境信息透明度上。纵向来看，最左边的外部治理和内部治理代表企业环境管理所受到的内、外部压力，中间的环境信息披露和环境绩效代表企业的环境管理，最右边的融资成本和企业价值增长代表了企业价值，这也概括了本书最核心的研究思路——内、外部治理→环境管理→企业价值，为环境绩效和财务绩效的“双赢”目标提供依据。接下来说明六点：

第一，企业赖以生存的环境由各个主体共同构成，该大系统中每个成员对彼此既有约束又有推动，各方向的压力不断博弈构成广泛认同的价值观，企业只有分享这种同质价值观、遵守普适的行为规范，才能维持内、外部压力的相对平衡。

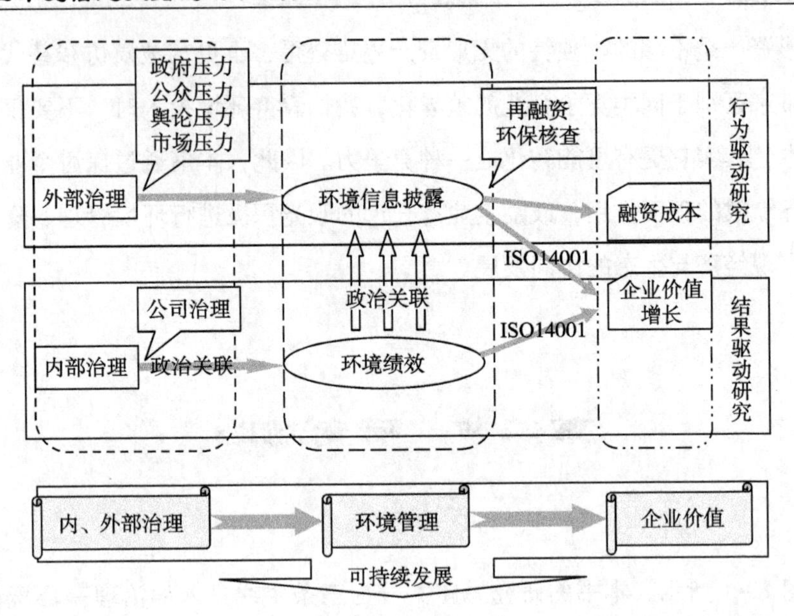

图 1-1　本书的研究思路

当今的主流观点认为，环境信息披露看似遵循自愿披露原则，实则外部因素为主因，故本书环境信息披露的影响因素主要从外部压力角度分析。

第二，债权人为重污染企业提供借贷前会考虑到三个风险，具体包括可能的污染治理费用超过贷款价值、环境问题造成监管成本上升甚至无法清偿债务、环境事故导致债权人连带名誉损失。因此，债权人常常会要求企业出具完整的、真实的、未向社会公开的环境管理报告，以评估企业未来的环境风险，彼此之间的信息不对称水平低于股权融资，而且我国的融资环保核查政策恰恰为环境信息透明度和股权融资的关系研究提供了契机，所以本书的融资成本特指股权融资成本，不包括债权融资成本。

第三，环境绩效体现了企业环境管理实践的结果，Ramanathan 等（2014）发现，内部利益相关者对环境绩效的影响最大，也就是说，企业才是环境管理的政策制定和流程实施者，环境绩效的最终效果主要依赖于组织因素和企业的内部运营，故本书环境绩效的影响因素从公司治理角度分析。

第四，Ullmann 等（1985）认为，环境信息披露如果代表公司对未来环境绩效的承诺，则会促进未来环境绩效的提高，环境绩效反过来则进一步促进企业环境信息透明度，此时两者可能存在内生性问题。但在本书的研究案例中，环境绩效指数主要来源于外部对企业的评分，环境信息披露主要是企业对过去自身环境管理状况的总结，极少涉及未来的环境规划和环境愿景，而且我国环境信息披露数据比例不高，以定性描述为主，实用性、可比性和可靠性相对较差，很少有未来的环境承诺，故环境透明度并非带来环境绩效的直接原因，甚至可能连主要原因都算不上；相反，环境绩效代表了企业对环境管理与企业竞争力关系的认可程度，会在环境信息披露上有不同的表现，所以这部分的实证思路是环境绩效→环境信息披露。

第五，研究环境绩效→企业价值增长时，选取 ISO14001 为代表，具体的五个原因见第六章第三节，需要指出的是，ISO14001 环境管理体系虽然代表了企业的环境努力和效果，但我国企业最积极披露的环境信息便是获得 ISO14001 认证，故此处用两个箭头，下面的箭头代表 ISO14001 认证对企业价值增长的影响，上面的箭头则表达了 ISO14001 认证的数据来源渠道主要是环境信息披露。

第六，公司治理→环境绩效、环境绩效→环境信息披露研究中均加入了政治关联变量，我国国情特殊，政治关联会对企业环境管理积极性产生重要影响，然而其在环境信息披露和环境绩效中的表达有本质不同：政治关联对环境绩效的影响实实在在体现在环境管理上，继而产生的环境效果无法伪装；环境信息披露取决于披露者的主观意志，政治关联可以为企业修饰或造假环境信息提供途径。

第三节 内容和结构安排

本书从企业内部自主披露环境信息和外部为企业进行环境绩效评价两个视角安排内容，如图 1－2 所示，本书共分七个章节，具体安排如下：

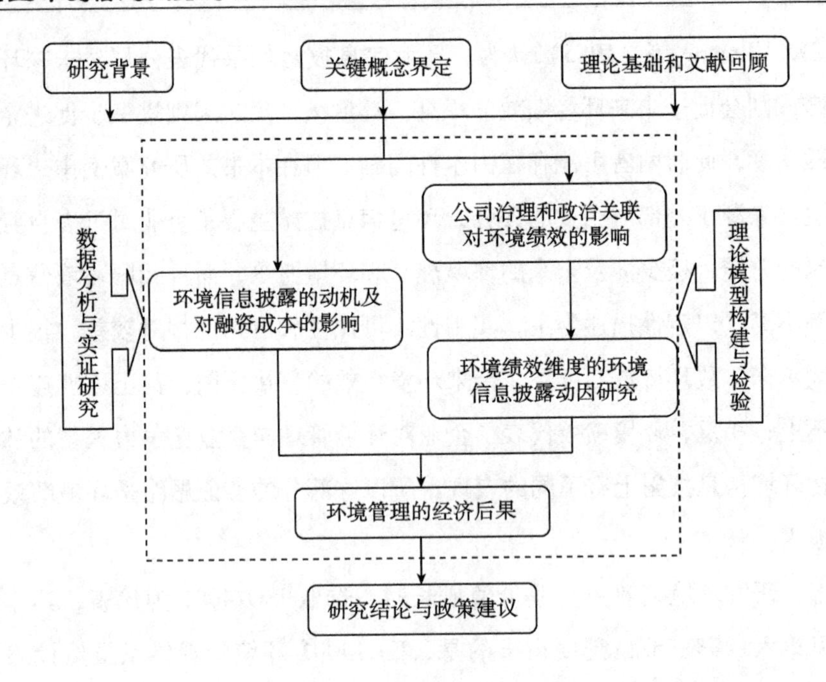

图 1－2　本书的结构安排

第一章为导论，简要介绍了本书研究的背景和意义，详细阐述了研究思路，并对环境绩效和环境信息披露两个关键概念进行了界定与对比。

第二章分别从环境绩效内部和外部探讨企业进行环境信息披露的动机，并总结环境绩效与经济绩效相关性的理论基础和文献基础，介绍了环境信息披露的法律法规，以及国内外环境信息披露现状。

第三章首先实证分析了外部压力与环境透明度的关系，其次将外部治理变量作为调节变量引入信息披露和融资成本的相关研究中，探讨三者的影响路径。

第四章为公司治理与环境绩效的实证分析，并探讨了我国特殊国情下，政治关联在双方关系中所起的角色作用。

为更好地对比政治关联对环境信息披露和环境绩效的不同影响机制，接下来的两章未按照图 1－1 研究思路的顺序安排，而是先在第五章探讨了环境绩效、政治关联与环境信息披露的关系，并发现政治关联抑制环境绩效与抑制环境信息披露的内在机理并不相同。

第六章根据企业通过 ISO14001 时间节点的前后对比，分析了环境绩效对企业价值增长的影响。

第七章为结论部分，指出本书的局限性和后续研究方向，并从宏观环境层面、环境信息披露层面和政治关联层面提出相关政策建议。

第四节 关键概念界定

一、环境信息披露（Environmental Disclosure）

环境信息披露属于环境会计研究领域中的一部分，是指企业向信息使用者提供环境信息和与环境有关的财务信息，从而充分满足他们的了解和决策需要，具体包括与环境相关的风险、目标、理念、收益、支出等，因此披露内容会以货币和非货币两种形态呈现出来。环境信息披露是企业各利益相关者剖析公司环境管理和环境绩效的中介，其中又包括主动披露和被动披露两种情形。围绕企业价值观和收益期望，向利益相关者展示积极的环境形象，以期在资本市场赚取环境溢价，这是企业主动披露的内在动力。由政府制定强制性和标准化准则，迫使公司向信息使用者传递可靠信息，是当今我国主要的环境信息披露机制，该机制尚未成熟，是有多方面原因的，如环境意识淡薄、环境会计尚处于初始阶段、企业过分追求自身短期利益等。

环境信息披露具有主观性、商业性和社会性的特点。从主观性角度来看，目前很少有国家对环境信息披露的内容制定统一标准，环境数据的核算到披露，基本取决于企业的自我意愿，导致各国环境信息透明度差异很大，全面性和真实性也存在较大差距。从商业性和通用性来看，标准化和高质量的环境数据能够为利益相关者提供决策指导，并广泛应用于核算和纵横向对比，对利益相关者监督企业环境行为至关重要。从公益性和社会性来看，企业需避免引进污染严重、掠夺自然资源的项目，通过环境信息的披露，促使企业制定有效的环境保护战略，避免环境壁垒，以利于政府、公众和债权人了解企业环境情况和环境形象。一方面，保证现代人对过度使用的资源进行补偿，也就是保证当代的可持续发展；另一方面，促使企业在良性循环的基础上合理配置资源，取得最佳经济效益，保证后代人的环境基础（宋子义，2012）。

二、环境绩效（Environmental Performance）

环境绩效是环境管理的终极目标，体现了企业的环保效率，这种效率从两个维度表达出来：一是企业环境行为造成的外部性后果，二是企业环境行为对自身内部财务的影响，前者体现了环境管理的外部驱动力，后者体现了环境管理的内部驱动力。传统观念中，单纯地把环境绩效视为环境标准中直接可测量的环境指标是狭隘和片面的，忽略了环境行为对内部运转的积极效用，难以使企业将环境运营视作提高竞争力的手段，无法激励企业进行环境技术创新和环境管理创新，所以广义的环境绩效包括企业对自然环境的影响绩效和环境管理对企业运营能力的影响绩效，后者又包括环境管理水平和环境财务收益水平两个方面。企业不断降低的环境污染水平、提高的能源使用率和生态影响水平，通常难以定量和财务化，正因如此，广义环境绩效的数据难以获取，所以本书中所提的环境绩效均是指狭义上的环境绩效，即企业环境行为带来的外部性后果，是从外部信息使用者立场而言的。

环境绩效具有延时性、无形性、复杂性和外部性的特点。从延时性的角度来看，企业在涉及环境因素的生产经营过程中，环境绩效未必会立刻表现出来，具有滞后性，浪费资源和排放污染物的负面行为短期内不会有多少成本，甚至可能带来更多收益，而提高资源利用率和治理生态环境的正面行为短期内大多无法产生效益，甚至会增加很多成本，但从长远来看，负面环境行为会从各角度给企业带来压力，使隐性成本逐渐转化为显性成本，增加经营风险。从无形性的角度来

看，企业环境管理活动带来的影响很难用货币计量，虽然有文字注释、效用指标、实物指标、图表、百分数或指数等多元计量模式，但计量的多元性恰恰造成了环境绩效信息不可比，这也是阻碍环境会计研究和发展的主要原因之一。从复杂性的角度来看，环境绩效的成因非常复杂，环境活动对环境绩效的影响经常是间接的，会分布在生产经营的各个环节，每个环节如何影响、有多大影响、怎样用货币衡量都非常困难，增加了环境绩效评价的难度。从外部性的角度来看，“环境”二字意味着任何一个企业都无法独立于整体之外，企业在各自发展的同时彼此影响，这些影响力不断叠加，后果就是整体的环境风险或环境收益，一旦某个企业出了环境事故，很多企业都无法置身事外，同样，若企业对环境有正向作用，如恢复水源、治理土壤、大面积种植绿色植被、改善生态系统环境等，周边企业可以不劳而获，也就是说，企业需要承担外界导致的环境污染成本，但若其置身于被其他企业改善的环境中，也可以乐享其成。

三、环境绩效与环境信息披露的差异

从数据来源看，环境信息披露以自愿披露为原则，企业可以选择性地披露对自己有利的正面环境信息和部分无关痛痒的描述性信息，尽量避免披露能源损耗率、污染物排放率、污染事故等对公司不利的负面信息，以逢迎利益相关者的环境期望，甚至通过伪造环境信息逃避舆论和政府监督，主观性较大。外部压力可以弱化其主观性、加强其真实性，自我国环境保护部 2010 年发布《上市公司环境信息披露指南》（征求意见稿）以来，环境信息披露有了统一参考标准，为抑制企业环境信息主观性起到一定作用。与环境信息披露不同，环境绩效水平是相对客观公正的，由第三方权威机构统一测评排名或企业上报数据、环保部审核，无论从概念还是实际应用来看，主观性都相对较弱，可参考性更强。从本书的实证研究数据来源看，环境信息披露代表企业自认为环境管理程度如何，是一种主观自我评价，环境绩效则代表外界认为企业的环境绩效如何，是一种客观他人测评，两者对环境管理效果的表达有质的区别。

从数据结果来看，环境绩效体现的是企业环境行为的效果（陈璇等，2010），是企业内复杂的环境管理水平带来的最终结果；环境信息披露不是产生环境绩效的根本原因，甚至很可能算不上主要原因之一。并非环境信息披露导致环境绩效这个结果，而是企业环境绩效水平可以在一定程度上反映环境信息披露状况。所以从某种程度来讲，对环境信息披露的研究是行为驱动研究，对环境绩效的研究是结果驱动研究。

从数据质量来看，企业披露的环境信息受外部压力影响很大，外部规制能够提升环境透明度，因此，环境信息披露的数据明确、可见，相对来说可控性较强；环境绩效由于无形性和复杂性的特点，所体现出的数据只有一小部分是明晰的，我们称为冰山浮出水面的部分，其他内涵型隐性数据藏在水面之下，可控性较低。

从数据存在性来看，环境信息披露数据的多少由企业决定，人为可控性很大；环境绩效则是客观存在的，无论企业披不披露或是否进行环境管理，环境带来的外部效应始终存在，不会因企业多披露一点而好一分，也不会因企业多隐瞒一点而差一分。

从两者的互动机理来看，环境绩效是环境管理的终极目标，若企业认为环境绩效水平高意味着更强的竞争优势，则更愿意披露环境信息，即便环境管理很糟糕的企业，也希望通过粉饰环境信息增加社会认可度。

第五节　研究特色与创新点

本书研究的特色与创新点包括以下四方面：

第一，首次将环境信息披露的研究视角定位于全方位的外部性压力，探讨外部治理、环境信息披露到融资成本的影响路径，深化和丰富了环境信息披露的相关研究。

第二，利用 Janis – Fadner（J – F）系数法，从环境法规、环保目标和政府奖惩三个维度构建和计算环境绩效指数，完善了环境绩效评价指标。

第三，首次将政治关联纳入环境绩效和环境信息披露的研究视野，并发现在我国特殊国情下，政治关联会阻碍环境管理的发展，但它对环境绩效的负面作用和对环境信息披露的负面影响机理并不相同，这是由环境绩效的客观性和环境信息披露的主观性导致的。另外，货币性环境信息和非货币性环境信息在其中有不同的表达，为政府制定环境信息披露准则和环境报告书标准提供了有力依据。

第四，本书构建的内、外部影响因素—环境管理—企业价值研究框架，既为提高企业环境信息披露和环境绩效水平找到作用机制和影响因素，又为环境投入可以增加企业竞争力提供了经验证据，能够帮助政府和企业统一环境目标。

第二章
环境信息披露的理论基础与实践概况

第一节　企业环境信息披露的理论基础

一、环境绩效维度外的环境信息披露动机研究

组织合法性是环境信息披露最重要的理论根基，作为一个开放性系统，企业将从外部获取的资源转化为产品和服务以维持自身的生存和发展，不言而喻，这个过程中追求利益最大化是企业的终极目标，无论企业如何浪费资源、污染环境、破坏生态，从单纯的经济学角度看都是合理的，但是合理不代表合法。企业赖以生存的外部环境归属于多个主体，在这个大系统中，每个成员都有自己的定位，彼此对对方的活动期望构成了合法性压力，各方向的压力不断博弈形成广泛认同的价值观，所有角色只有分享这种同质价值观、遵守普适的行为规范，才能维持系统相对平衡；另外需要指出的是强制性奖惩基础上的合法性，企业一旦超出法律法规规定的行为界限，必将受到应有的惩罚，严重的甚至会带来企业的消

亡，这也是制度运行的实质内容之一，因此法令的合法性其实和道德的合法性是同质产生的，其本质一致，它们分别代表了政府强制企业服从的法令合法性和公众非强制企业遵守的道德合法性压力。组织在寻求存在合法性时，不得不按照各主要利益相关者可接受的水平进行运营，以超过制度要求的最低阈值，即便这种组织管理和运营手段对企业的经营绩效不是最有效率的。

博弈论认为，政府监督企业环境信息披露需要成本，企业披露环境信息本身也需要成本，双方基于目标的差别性，导致了该过程是个博弈过程，企业的目的是取得利润最大化，政府的目标却是可持续发展和社会整体福利的提高。企业的短视行为和政府的利益冲突，将使纳什均衡陷入囚徒困境，只有引入奖惩机制即破坏环境会增加企业的环境成本和环境风险，积极实施环境政策的企业可以得到政府奖励和政策扶持，此时通过重组博弈双方的收益矩阵，纳什均衡才能向政府有效监督和企业真实披露的方向转移。

产权经济学理论中讨论过很多环境资源的产权问题，但至今未找到好的解决办法。环境产权的界定目的在于规范产权交易以使交易费用最低，保障生态系统的整体性和可持续性。环境产权作为全社会范围内成员共同享有的公共产权，在确定上非常困难，这是由其产权内涵的不确定性和产权交易的非等价性导致的，而且环境产权带来的后续影响常常难以弥补，特别是由此引发的重大身体伤残事件几乎不可逆，对“公地悲剧”只能在很有限的范围内起作用。

二、环境绩效维度的环境信息披露动机研究

欧美国家的环境数据相对完善，独立环境报告发展水平远优于我国，所以在环境绩效和环境信息披露相关性研究方面积累了一些科研成果，主要有自愿信息披露理论、社会政治理论和利益相关者理论三个理论来支撑。

自愿信息披露理论认为，好的环境绩效可以防止逆向选择的发生，企业通过环境信息披露将自己与环境水平较差的企业区别开来，可以得到政策扶持、环境补贴、税收减免等好处，好的环境绩效也意味着未来发生环境事故危机的可能性

较低，减少了潜在环境成本和环境风险，披露信息应该看作是对投资者利好的消息（Freedman 等，1990）。随着社会整体环境意识的提升，环境敏感型投资者会为环境友好型企业赋予环境溢价，这就使环境绩效好的企业有动力披露更多的环境信息。该理论支持二者有正向关系的观点，企业将环境信息披露视作真实的告白和郑重的申明。

社会政治理论认为，环境绩效不好意味着公司环境形象较差，社会有理由判定其在环境保护和治理方面努力不足，未来可能面临巨大的环境成本或收益损失，政府会强制要求企业服从整体社会福利，公众也会从道德层面谴责企业的失职行为，迫使企业披露更多的环境信息，以此来证明它在环保方面做出的努力，为自身的存在寻找合法性。该理论支持二者有负向关系的观点，企业将环境信息披露作为“诡辩”和“辩白”的途径。

利益相关者理论认为，企业需要通过环境信息让利益相关者了解自己在环境责任方面的立场、所做的努力和取得的成绩，以得到各方面的支持。企业的利益相关者不只是股东，也不能以股东利益最大化为唯一目标，企业和赖以生存的外部环境构成完整体系，该系统中的所有主体达成一系列契约，除股东外，政府和民众成为企业环境维度必须面对的另外两个主要成员，企业的目标不应仅局限于利益最大化，而应保证一定程度内的社会福利不损失，甚至社会福利的增加，这也是对古典经济学的理论性颠覆。

环境绩效差的企业披露环境信息分为三种情形：第一种是积极的正向行为，即该企业未来真的会在环境方面实施各种举措以改善环境绩效，并通过向公众披露环境信息传递其正在做出的努力；第二种是“阳奉阴违”，借助粉饰环境信息报告来减轻利益相关者的压力，实际上企业并没有实施任何环保措施，只要不出现重大环境事故，由于信息不对称性，在现行的法律制度和公民薄弱的环境意识背景下，提供虚假环境信息的企业反倒可以大行其道，并造成“劣币”驱逐“良币”的后果，使第一种真正的“良心”企业被挤出市场；第三种是“满不在乎”，市场只“以财务业绩论英雄”时，环境管理无法提升竞争力，公众和投资者并不在意企业的环保投入，政府也不会给污染型企业任何压力，这些企业既不

担心罚款也不担心诉讼。事实上，第一种和第三种情形反映了不同外部规制环境下企业对环境信息披露的不同态度，本质都支持自愿信息披露理论，而第二种则支持社会政治理论。

环境绩效好的企业披露环境信息的理由简单得多，他们认为良好的环境绩效能够带来绿色溢价，即面对环境绩效好的企业时，顾客愿意以更高的价格购买产品或对这样的绿色产品产生顾客粘性，股票投资者甘愿以更低的利润期望值购买公司股票，银行以较低的利率提供贷款，政府不仅会减少该企业的税收，还会从多方面提供便利甚至给予奖励，舆论也会进行良好导向，在这样的认知背景下，企业愿意为战胜竞争对手、获取环境溢价而披露更多环境信息。

三、环境绩效和经济绩效的研究

委托代理理论是契约理论的延伸，信息对称时，代理人无法隐瞒委托人，委托人也无法违约不给代理人相应的奖励或惩罚，在市场上可以达到帕累托最优水平；但是，环境信息具有极其特殊的属性，信息不对称的情形下，委托人难以观测到代理人的环境行为，他们不仅要考虑无法监督或控制代理人行为带来的道德风险，还要考虑无法评价代理人是否会为一己私利损失委托人利益带来的逆向选择问题，这样，公司治理的核心变成了安排各种制度和契约解决双方代理成本，以保障委托人的权益。

可持续发展理论主要指可持续收益，也就是消费水平在没有逐渐减少资产存量的条件下能被无限期地维持，这里并不意味着保持自然资产的存量不变，而是它们在未来产生相同收益的能力保持完整。这就要求我们在满足当代人需要的同时，不损害后代的利益，但环境资源由于其特殊属性，兼具生态及生物多样性、科研教育、休闲娱乐、消费、美学、精神、文化、历史、遗产、生存等多重价值，其中很多价值都是无形的，很少能用市场交易价格计量，当前的会计系统中被记录的环境资源极少。

外部性理论指出，由于环境的公共商品或超商品属性，破坏者不需要对其行为承担多少负效益或成本，这就造成环境无节制破坏和社会整体福利的降低，即所谓的外部不经济。环境会计是消除外部不经济的重要手段，按市场价格将外部影响内部化，合理地将经济活动的内外部因素结合起来，让企业明白造成负面外部性影响必将承担相应的成本，使环境保护和企业协同发展，实现积极的外部正效应。

环境绩效和经济绩效的辩论持续多年，争议不断，因而也成为环境会计实证分析中最受重视、成果最丰富的话题。关于二者间的关系，涉及三个理论：新古典经济学理论、资源和管理效率理论、环境经济学理论，概括来说，矛盾的焦点聚集在环境管理究竟能否提高企业的竞争力上，如传统学派认为环境和经济是对立、矛盾和竞争的关系，修正学派则认为环境和经济是协同、均衡和双赢关系。

以 Walley 等（1994）为代表的传统学派从新古典经济学理论出发，认为企业以追求利益最大化为终极目标，环境绩效与财务绩效是相互矛盾的，对于资源消耗型和环境污染型企业，环境管理投入的成本非常高，与最终产品的附加值不成比例，严重降低了企业的边际利润，因此企业对环境的投入只能作为改善或维持社会总体福利的手段，不能作为自身的竞争优势。Palmer 等（1995）认为，环境会抵触企业价值的增长，企业在节能减排的过程中势必要投入更多人力和资金，增加运营成本和沉没成本，而且这部分人力、物力本有可能投入其他收益更高的项目，总体来说环境管理带来的是竞争力的损失。Simpson 等（1996）认为，修正学派提出的环境规章制度的有效性没有普遍意义，严格的环境规章制度仅在很特殊的情况下才能诱发技术革新和生产流程革新，不可能带来广泛的效率提高。Romstad（2005）虽然也是传统学派的学者之一，但并不完全赞同 Simpson（1996）的观点，他认为环境规章制度的有效性是有普遍意义的，不过修正学派提出的环境成本降低引起技术与产品的市场转移带来竞争优势一说，不具有普遍的可转移性，因为技术具有可接受性和可选择性，发达国家对新技术的接受程度较高，环境保护意识较强，也有足够的经济能力应用新技术，不发达国家即便承认新技术的好处，愿意利用更高效节能的生产流程也有心无力，没有足够的人力、物力和财力应用新技术，类似地，实力雄厚的企业和实力弱小的企业在面对

新环保技术和高效生产流程时也存在这种差异，所以新技术的应用不具有普适性，不能作为企业竞争优势的关键因素。另外，即便企业使用了新技术，为此多投入的资金和人力成本未必能超过环境管理带来的收益。Arouri 等（2012）认为，环境成本的增加会导致企业竞争力的丧失，由于发展中国家环境管制强度较低，企业需要投入的环境成本也低，所以发达国家会尽量在发展中国家完成价值链的重污染环节以获取更高收益，这也是基于本土进行环境管理会增加成本的考虑。传统学派认为环境绩效与企业价值是下滑型曲线，如图 2－1 所示。

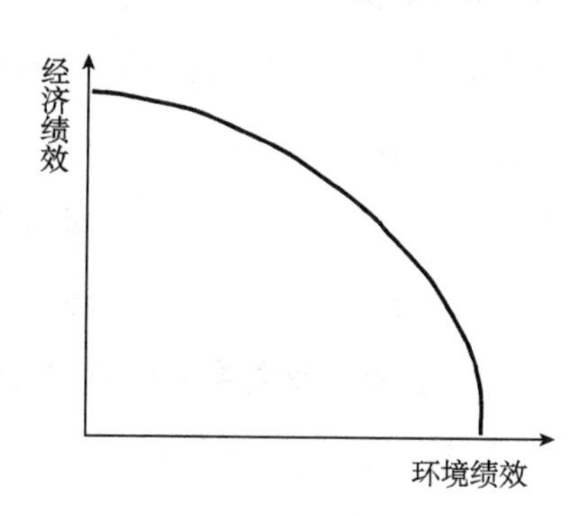

图 2－1　传统学派理论观点

以 Porter 等（1995）为代表的修正学派从资源和管理效率理论、环境经济学理论出发，认为环境管理是企业竞争优势的潜在因素之一。当时很多学者认为环境规制会削弱企业竞争力导致僵局，即虽然环境标准的提升会产生社会效益，但企业的环境投资抬高了成本，导致价格上涨，降低了竞争力。然而，Porter 觉得大家忽略了一个事实——在社会大系统中的企业面临多方压力，环境规制在提高能源利用率、降低污染的过程中容易产生技术革新，帮助企业找到新的发展商机，环境投资不是必然的威胁或恼人的成本，而是竞争的机会。Porter 等（1996）进一步指出，环境和经济并非零和游戏，严格的环境规制带给重污染企业环境风险，忽视环境管理的行为既增加了污染治理费用，又可能引来外部利益相关者的惩罚，这些都督促企业创新工艺、管理和技术，由粗放型生产向集约型生产转变，带来的好处不仅是生产成本的降低和技术革新的实时反映，还能比迟钝的竞争者更早与市场甚至国际接轨。Hart（1995）认为，企业环境污染和资源浪费本身就是生产效率低下的表现形式之一，那么提高资源利用率意味着成本的降低，污染排放物的减少可以降低政府制裁的风险，积极进行环境投资的企业的竞争力大于同行业者。Sharma（1998）认为，企业的环保优势与传统优势并不冲突，而是协同发展的两个要素，消费者随着绿色意识的增长，购买环保型产品已渐成趋势，且愿意为此承担环境溢价，这一方面扩大了市场占有水平和销售回报率，另一方面避免了政府和公众可能给企业造成的合法性危机，防止道德不当的隐形成本，并获得融资的政策倾斜。Al－Tuwaijri 等（2004）认为，良好的环境绩效会带来“环境溢价”，面对环境绩效好的企业时，顾客愿意以更高的价格购买产品或产生顾客粘性，股票投资者甘愿以更低的利润期望值购买公司股票，银行愿意以较低的利率提供贷款，政府不仅减少税收，还会从各方面为企业提供便利甚至给予奖励，舆论也会为企业提供良好导向，随之而来的是企业价值的增加。Smith（2005）将环境责任的履行视作降低未来环境规制的途径，可以减少负面的社会影响，甚至得到政府的税收优惠。Zeeuw（2008）运用一般均衡模型分析了企业环境政策与企业价值的关系，结果表明，环境政策可以促进生产力和社会福利的增加，进而改善经济绩效。Aragon－Correa 等（2003）从理论上描述了如何通过改善企业内部的生产和运营过程提高环境绩效，进而增加竞争力。Sharfman 等（2008）利用环境风险管理分析发现，可感知的环境风险减少会降低企业债务成本。例如，在兰州 2014 年 4 月 10 日饮用水苯含量超标事故中，兰州石化公司若能及时处理两次历史事故积存的含油污水，就不会出现苯渗入自流沟的事故，也就避免了饮用水恐慌后的巨额罚款和名誉损失。Singh 等（2014）将环境管理视作一种资源和战略的文献，他们认为可持续的绿色生态网络不但带来声誉，还可以提高效率、减少浪费、节省额外费用。修正学派的曲线描述分为两种有趣的观点，即图 2－2 的倒 U 型曲线和正 U 型曲线。

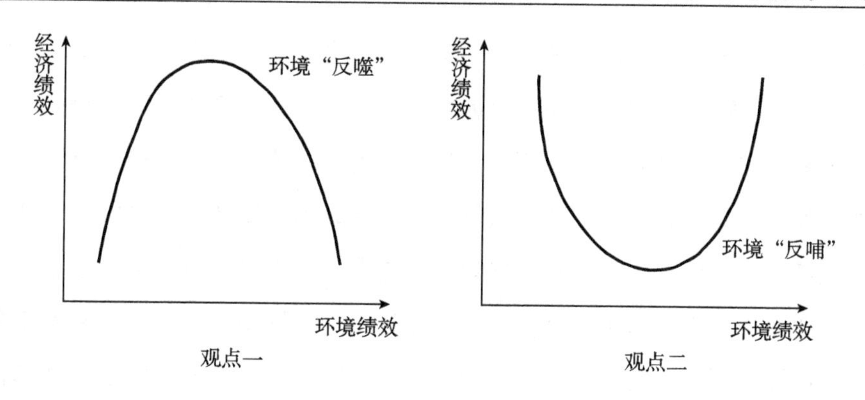

图2-2 修正学派理论观点

第一种修正学派理论认为，环境绩效和企业价值之间的关系呈倒U型。环境业绩比较糟糕意味着企业的运营状态也是低效、无序的，提升环境绩效的同时可以改善目前的低效状态，提高企业的收益，见图2-2倒U型曲线左边的上扬部分；到达环境绩效和企业价值均衡点时，企业运营效率最高，环境与经济达到最优纳什均衡，即倒U型曲线的拐点；随着环境绩效水平的进一步提高，环境管理开始“反噬”，其带来的价值增量小于成本增量，此时的环保行为意味着企业的负担，每增加一分，企业竞争力降低一分。

第二种修正学派理论则认为，环境绩效和企业价值之间的关系呈正U型。企业刚开始投入环境管理成本时，不仅占用了本可以投入更盈利项目的资金和人力资源，还需要承受创新的风险，短期内环境管理效果不易实现，或即便实现也不容易体现在财务指标上，该期间投入的环境成本与企业发展对立，此消彼长，环境管理投入越多，经济发展受限越大，即正U型曲线左边下滑部分；随着公司环境管理战略的不断实施、改善和提高，环境的成本增量开始小于企业经营成本增量，也就是说环境投入终于要“盈利”了，熬过了最艰苦的“冬日”，环境开始出现与经济协同共赢的发展局面，这个转折点就是正U型曲线最下面的顶点；接着，环境投入开始“反哺”，节能减排工艺涉及物理、化学、工程学等方方面面，国外有几家大型跨国公司在建立企业新生产工艺方面很有成就，但是由于其技术和工艺的复杂性、定制性和前沿性，前期的投入是非常高昂的，之后主要是维护新型生产流程的费用，维护成本同建设成本比起来要微不足道得多，这时环境成本或环境可能带来的经济损失要远远小于不进行环境管理的同类企业，污染预防或污染处理成为企业的模糊资源，另外，企业在环境方面的积极投入还能带来绿色声誉，绿色品牌是一种难以模仿复制的珍贵无形资产，该阶段环境绩效仍在不断改善，财务绩效因此得到的好处越来越多，即正 U 型曲线右侧上扬部分。

传统学派理论观点与第一种修正学派理论观点截然相反，与第二种修正学派理论的观点异曲同工，对比图 2－1 和图 2－2 可以看出，传统学派曲线和修正学派倒 U 型曲线后半段重合，与修正学派正 U 型曲线前半段重合，但是其重合原因完全不同，修正学派理论观点一秉承的是环境与经济协同发展理念，修正学派理论观点二则认为环境管理前期投入大于收益，直至环境进入"反哺"阶段，环境增量才能超出单纯的经济增量，所以修正学派理论观点二才是传统学派理念的延伸和深化，且其对应曲线的前半段与传统学派学者 Romstad（2005）的观点更为接近。

四、环境信息披露对经济绩效的影响

信息不对称理论从规避道德风险和规避逆向选择风险两方面探讨环境信息披露对经济绩效的影响。从道德风险的角度讲，政府和公众要求企业在发展经济时注重环境问题，但是企业可以选择性地让外界知道自己的环境状况，"欺瞒"的后果是企业环境绩效不断恶化，"纸里包不住火"，恶化累积到一定程度，外界必将有所觉察，政府不再为企业提供支持，消费者拒绝购买该企业的产品，再加上舆论环境的恶化，企业将陷入两难境地；从逆向选择风险的角度讲，股权融资者最容易面临"柠檬市场"，由于双方信息不对称，高损耗、高污染、低效率的企业并不容易被觉察，这些企业或者瞒报环境信息，或者"粉饰"财务报告，他们并不会将流入的资本投入环境管理，而环保水平较高的企业因缺乏资金不得不限制环境投入，甚至效仿高污染企业欺瞒环境信息，环保水平很差的企业则继续"坑蒙拐骗"获取市场资本，整个社会环境水平不断恶化，社会福利将出现

不可逆的损伤。

行为金融理论是建立在现代金融理论、期望理论、行为组合理论和行为资产定价模型的基础上的，该理论认为投资者不总是理性的，也不总是规避风险的，他们有时是行为投资者而不是金融投资者。由于环境在企业经营中的特殊性，不同投资者对待环境信息态度不同，其融资行为并不单纯从理性投资决策的角度出发，因此这里引入行为金融理论，从参与者的心理因素角度考虑环境信息对其融资态度的影响，不同环境敏感型投资者对企业环境管理水平容忍度存在差异，这就保证了部分环境偏好型投资者会赋予高环境绩效企业“环境溢价”。

决策有用论指出，会计要为企业各利益相关者提供决策有用的信息，提高信息利用的效果。高污染企业向投资者隐瞒环境信息或披露虚假环境信息时，投资者无法对环境风险带来的潜在危害做出正确评估，在企业遭遇环境事故时，投资者将被迫受到连累，无法按照预期收益收回资金，甚至可能血本无归，有的重污染型企业被政府和民众贴上“环境污染”和“道德违约”的标签，投资者还会受到连带名誉损失，导致进一步的收入减少。

第二节　国内外环境信息披露的实践概况

一、国内环境信息披露的实践概况

（一）国内与环境信息披露相关的法律法规

目前，我国尚未制定出关于环境信息披露的指导性文件，环境信息披露不够，不完整的信息量要求、不规范性、没有可比性、规定模糊笼统，欠缺环境会计核算和披露形式的细致和可操作性规定，使环境信息披露的质量参差不齐。环保部和证监会正在逐渐完善环境信息披露的相关规定，主要针对全体企事业单位和上市公司两大类。

1. 全体企事业单位需遵守的规定

2015 年 1 月正式施行的《中华人民共和国环境保护法》第六十二条规定，重点排污单位不公开或者不如实公开环境信息的，由县级以上地方人民政府环境保护主管部门责令公开，处以罚款，并予以公告。

《排污申报登记制度》规定，凡是排放污染物的单位必须按照规定向环保机关申报登记所拥有的污染物处理设施、污染物排放设施和正常作业条件下排放的污染物的数量、种类和浓度。

原国家环保总局在2003 年9 月发布的《关于企业环境信息公开的公告》（环发〔2003〕156 号）中规定，各省、自治区、直辖市环保部门应按照《清洁生产促进法》的规定，在当地主要媒体上定期公布超标准排放或超过规定总量限额排污的污染严重企业名单；被列入名单的企业必须连续三年如实、准确地披露包括企业环保方针、环保守法情况、污染物排放总量、污染治理情况等环境信息；没有被列入名单的企业可参照本规定进行环境信息公开；必须进行环境信息公开的企业除在国家环保总局的政府网站和省级环保部门的政府网站上公布外，还可通过报纸和其他形式的媒体公布，也可通过印制小册子等形式进行公布。

2. 上市公司需遵守的规定

由环保部门发布的一系列对上市公司进行环保核查的文件、通知。2003 年 6 月下发的《关于对申请上市的企业和申请再融资的上市企业进行环境保护核查的通知》（环发〔2003〕101 号）中规定了环保核查的对象、程序、内容和要求等，并将重污染行业暂定为冶金、化工、石化、煤炭、火电、建材、造纸、酿造、制药、发酵、纺织、制革和采矿业。2007 年 8 月下发的《关于进一步规范重污染行业生产经营公司申请上市或再融资环境保护核查工作的通知》（环发〔2007〕105 号）中又特别规范了对从事火力发电、钢铁、水泥、电解铝行业的公司和跨省从事重污染行业生产经营的公司的环保核查工作。2007 年 9 月 27 日下发的《首次申请上市或再融资的上市公司环境保护核查工作指南》中要求，凡属于由国家环保总局负责环保核查的上市公司，应委托有国家环保总局认可的相关环境保护资质、具有独立法人资格的第三方机构编制《环境保护技术报告》，并附委托合同和编写机构有效资质证书的复印件，另对《环境保护技术报告》的编制提出了统一的九项要求，这可以作为环保部门今后规范上市公司环境信息披露报告的参考依据。2008 年 2 月下发的《关于加强上市公司环境保护监督管理工作的指导意见》（环发〔2008〕24 号）中提出了进一步完善和加强上市公司环保核查制度、积极探索建立上市公司环境信息披露机制、开展上市公司环境绩效评估研究与试点、加大对上市公司遵守环保法规的监督检查力度四点要求，这说明建立环保评估指标体系和环境绩效评估机制是今后完善上市公司环保核查制度的努力方向。

由中国证券监督管理委员会（以下简称证监会）发布的针对上市公司环境信息披露的有关规定。《公开发行证券的公司信息披露的内容与格式准则第 1 号——招股说明书的内容与格式》中规定了招股说明书的正文中发行人应披露的“风险因素”包括投资项目在环境保护方面存在的风险及由于环境保护方面的法律、法规、政策变化所引致的风险，另在“募集资金运用”中规定，属于直接投资于固定资产项目的，发行人可视实际情况并根据重要性原则，披露投资项目可能存在的环保问题及拟采取的措施。《公开发行证券的公司信息披露的内容与格式准则第 9 号——首次公开发行股票并上市申请文件》中规定，发行人应提供其生产经营和募集资金投资项目符合环境保护要求的证明文件，重污染行业的发行人需提供省级环保部门出具的证明文件。《公开发行证券的公司信息披露的内容与格式准则第 11 号——上市公司公开发行证券募集说明书》中规定，发行人存在高危险、重污染情况的，应披露安全生产及污染治理情况、因安全生产及环境保护原因受到处罚的情况、近三年相关费用或成本支出及未来支出情况，说明是否符合国家关于安全生产和环境保护的要求。《公开发行证券公司信息披露的编报规则第 12 号——公开发行证券的法律意见书和律师工作报告》中有区别地规定，法律意见书的正文应包括律师对发行人的环境保护标准明确发表结论性意见。律师工作报告正文应包括发行人是否有因环境保护原因产生的侵权之债，如有还应说明对本次发行上市的影响；发行人的生产经营活动和拟投资项目是否符合有关环境保护的要求，有关部门是否出具意见；近三年是否因违反环境保护方面的法律、法规和规范性文件而被处罚。

由证券交易所发布的指引上市公司主动承担社会责任的通知。深圳证券交易所在2006年9月25日发布的《深圳证券交易所上市公司社会责任指引》中指出，上市公司的社会责任包括其对自然环境和资源所应承担的责任。上市公司应在追求经济效益、保护股东利益的同时，积极从事环境保护等公益事业，本所鼓励上市公司对外披露社会责任报告，其中第五章“环境保护与可持续发展”中明确要求：上市公司应根据其对环境的影响程度制定整体环境保护政策，指派具体人员负责公司环境保护体系的建立、实施、保持和改进，并为环保工作提供必要的人力、物力以及技术和财力支持；上市公司应尽量采用资源利用率高、污染物排放量少的设备和工艺，应用经济合理的废弃物综合利用技术和污染物处理技术；排放污染物的上市公司，应依照国家环保部门的规定申报登记；排放污染物超过国家或者地方规定的公司，应依照国家规定缴纳超标准排污费，并负责治理。上海证券交易所（以下简称上交所）在2008年5月14日发布的《上海证券交易所上市公司环境信息披露指引》中指出，各上市公司应增强作为社会成员的责任意识，在追求自身经济效益、保护股东利益的同时重视公司对环境保护、资源利用等方面的非商业贡献，公司应根据所处行业及自身经营特点，形成符合本公司实际的社会责任战略规划及工作机制，其中应包括合理利用资源及有效保护环境的技术投入及研发计划，本所鼓励上市公司披露公司的年度社会责任报告的内容至少应包括公司在促进环境及生态可持续发展方面的工作。归纳起来，上交所就上市公司环境信息披露做出了如下明确要求：上市公司发生与环境保护相关的重大事件（重大环保投资、环境违法违规、环境诉讼、被列入污染严重企业名单等），且可能对其股票及衍生品种交易价格产生较大影响的，应当自该事件发生之日起两日内，及时披露事件情况及对公司经营以及利益相关者可能产生的影

响；上市公司可以根据自身需要，在公司年度社会责任报告中披露或单独披露如下环境信息：环境保护方针、目标及成效，年度资源消耗总量，环保投资和环境技术开发情况，排放污染物种类、数量、浓度和去向，环保设施的建设和运行情况，废物的处理、处置情况，废弃产品的回收、综合利用情况，与环保部门签订的改善环境行为的自愿协议，受到环保部门奖励的情况；从事火力发电、钢铁、水泥、电解铝、矿产开发等对环境影响较大行业的公司，应重点说明公司在环保投资和环境技术开发方面的工作情况。

2010 年 9 月，国家环保部发布《上市公司环境信息披露指南（征求意见稿）》（以下简称《指南》），该《指南》要求，火电、钢铁、水泥、电解铝等 16 类重污染行业上市公司必须发布年度环境报告，定期披露重大环境问题的发生情况、环境影响评价和“三同时”制度执行情况、污染物达标排放情况、一般工业固体废物和危险废物依法处理处置情况、总量减排任务完成情况、依法缴纳排污费的情况、清洁生产实施情况、环境风险管理体系建立和运行情况，鼓励发布环保理念、环境管理组织结构和环保目标、环境管理情况、环境绩效情况。发生突发环境事件的上市公司，应当在事件发生 1 日内发布临时环境报告，披露环境事件的发生时间、地点、主要污染物质和数量、事件对环境影响情况和人员伤害情况（如有），及已采取的应急处理措施等；因环境违法被省级以上环保部门通报批评、挂牌督办、环评限批、被责令限期治理或停产整治、被责令拆除、关闭、被处以高额罚款等重大环保处罚的上市公司，应当在得知处罚决定后 1 天内发布临时环境报告，披露违法情形、违反的法律条款、处罚时间、处罚具体内容、整改方案及进度。但是，并未见到该《指南》后续的正式发布通知。

关于上市公司环境信息披露相关的最新规定和趋势出现在 2016 年 12 月国务院正式印发的《“十三五”生态环境保护规划》中，该规划明确提出要建立企业环保信息强制性披露机制，对未尽披露义务的上市公司依法予以处罚。环境保护部部长在 2017 年 1 月全国环境保护工作会议上的讲话中也明确指出，“未来将修订《环境信息公开办法（试行）》，推进企业环境信息公开，完善企业信息公开平台”。

（二）我国企业环境信息披露的现状

我国环境信息披露总体水平处于发展阶段，尚存在较大的上升空间。以2015年为例，该年度发布环境信息报告上市公司的数量为747家，比2014年增加了39家，占所有上市公司数量的26.62%，上市公司环境信息披露总体水平与2014年相比基本持平，属于我国目前环境信息披露水平领先的企业群体，但仍处于发展阶段，整体水平尚存在较大的上升空间；沪市整体环境信息披露水平略高于深市；国家级重点监控企业的样本环境信息披露总体处于发展阶段，披露水平逐年提高；披露水平平均分为32.86分，高于总体水平30.30分，也高于第一、第二产业总体水平；另外，行业间环境信息披露质量水平存在明显差距，其中，采矿业环境信息公开最好；在国有企业、民营企业、外资企业、集体企业、公众企业及其他企业六类企业中，发布环境信息相关报告最多的为国有企业，得分最高的为外资企业；从区域水平来看，东部地区环境信息披露水平最高，高于总体水平，西部地区高于中部地区；从得分率来看，环境绩效部分的公开情况最差；很多企业相关报告中对具体环境绩效信息披露的内容呈现模糊性、泛泛性描述，甚至有些企业对环境责任用几句话一带而过；第一、第二产业环境信息披露水平高于第三产业，在全部排名中前十名均为第一、第二产业，排名前20的企业中第一、第二产业占有16家，第三产业相关数据统计及披露严重不足。总的来讲，我国企业环境信息披露主要有以下六方面不足：

一是自愿披露水平不高。一直以来，我国企业多是基于国家有关政策和法律法规的强制性规定，被动披露环境信息。我国自愿在企业年度报告附录中发布企业社会责任报告的公司仅占36%，相比之下，20世纪80年代欧洲上市公司的自愿性环境信息披露水平就已达70.09%，英国为50.54%，美国为40.4%，显然我国自愿性环境信息披露处于一个相对较低的水平。

二是没有形成统一的环境信息披露模式。目前，我国尚未形成统一的环境会计体系，而日本环境省在2005年编制的《环境会计指南》就已为其企业环境信息披露提供了相对统一的模式。我国企业对环境信息的披露基本上采用的是在招

股说明书、年报中分散披露的形式，均尚未编制独立的环境报告。近年来，我国企业在招股说明书中披露的环境信息呈不断上升的趋势，但年度报告仍然是企业披露环境信息的主要渠道。然而，年度报告中所披露的环境信息依然十分有限，且多为定量描述，在定量描述中又以货币形式居多，像日本企业那样使用清晰、明确的表格形式进行描述的更少。

三是环境信息披露的内容不全面。我国企业所披露的环境信息条目主要涉及环保政策、环境风险、环保认证、环保投资、资源补偿费、排污费、税收优惠等内容，对与环境相关的资产、负债、收益等内容尚未建立独立的会计账户进行反映，对公众所关心的排污情况和污染治理情况也很少披露。相比之下，日本企业在编制环境报告书方面的经验值得我国借鉴，1999 年 3 月日本环境省发布了“关于环境保护成本的把握及公开的原则”的规定，明确指出了环境成本的含义及分类，详细阐述了环境报告的书写规范及要求，主张企业对环境成本进行货币计量，对环保效果采用金额评价。

四是对环境信息的披露缺乏连续性。主要是受到有关法律法规强制约束的重污染行业企业，连续三年在年度报告中披露了环境信息。即使是连续披露了环境信息的企业在披露内容的选择上也很随意，缺乏连贯性，每年披露的内容可能不尽相同。对于一些临时性的、突发产生的环保费、资源恢复补偿费、环境评价费等，企业往往疏于披露，使信息使用者难以准确、客观地进行对比分析和趋势分析。

五是缺乏对公开披露的环境信息的鉴证。国内学者萧淑芳（2005）发现，审计机构尚未在审计报告中对上市公司所发布的环境信息进行审计和鉴证；任郁楠（2007）统计分析了沪市 2004 ~ 2005 年新上市的 27 家属于重污染行业的公司的环境信息披露状况，只在博汇纸业的招股说明书中发现有环保部门对企业披露的环境信息的鉴证。可见，在对环境信息质量的审计和鉴证上，审计部门应积极行动以确保我国企业环境信息披露的质量。

六是环境会计信息披露缺乏全社会的广泛参与。中国目前有些企业仍存在“重经济轻环境”的思想，“先污染后治理”等非持续的行为仍大有市场，公众的整体环境意识比较低下。在这种情况下，某些企业可能就不愿对外披露环境会计信息。会计界对环境会计的研究大多局限于微观层面，将环境会计局限于企业环境会计而忽略了宏观层面的环境会计，或者将宏观环境会计看作是统计学家的事，对宏观环境会计研究参与不足。这种研究现状的缺陷有两个方面：首先对环境问题的认识不够全面，其次没有认识到环境作为一项公共产品，对环境的有效控制需要一个宏观与微观衔接的核算体系，从而不利于在会计体系中实现宏观环境核算与微观环境核算的衔接。

二、国外环境信息披露的实践概况

（一）国外与环境信息披露相关的法律法规

国外法律基础完备，以生态主义为基本理念构建环境污染惩治机制已成为国外环境立法的基本理念。自1999年颁布《环境成本及报告指南》以来，日本已制定出800多种有关环境的法律法规和政策，形成了完整的环境会计制度，环境执行效果显著；加拿大法律规定企业每年提交环境报告进行审查；美国1933年的《证券法》、1934年的《证券交易法》、1986年的《应急计划和公众知情权法》都逐渐使美国环保署加强了公司强制披露环境信息的范围和深度；英国也通过法律法规对企业环境污染预防及治理提出严格要求。对比起来，我国先后颁布的环境相关法律法规有30多部，但可操作性和监管力度相对较弱，如BP公司在墨西哥湾漏油后，慑于美国治污法规的天价赔偿，积极应对污染事故，而康菲渤海湾蓬莱溢油事件后，我国政府只能依据《海洋环境保护法》对康菲公司实施20万元的行政处罚，生态立法不完善难以进入诉讼程序，康菲公司在后续清理、赔偿、环境维护方面反应不积极。

日本2000年发布了第一份官方环境会计报告《环境会计指南》，其2005年的修改版界定了环境会计的组成要素，对内、外部报告的内容做出了具体规定，2007年又颁布了《环境报告书指南》；韩国从大气、水、土壤、生态等环境损失

角度制定环境会计准则，具有较高的可操作性；美国已发布了涉及环境成本和环境负债的三个公告，财务会计标准委员会（FASB）于1993年发布了一系列全面涉及环境会计的EITF第93－5号标准，同时还提供了对来自保险公司等其他责任方的恢复环境成本处理与索赔标准，同年，美国证券交易委员会（SEC）制定了环境信息披露较为详细的准则，这些都为企业公布环境导致的成本增加和财务影响提供指南；加拿大也将环境会计核算应用到生产经营过程中。美国国家环保局在1992年已建立专门的环境会计项目，并与财务会计准则委员会、证监会合作，指导和推广环境会计系统；欧共体国家环境部长会议鼓励成员国设立环境目标、获取“绿色认证”；除环保部门外，加拿大和英国有特许会计师协会或会计准则委员会制定环境会计准则；中国台湾地区永续发展协会积极推进环境会计，此后环保署与之合作，辅导厂商逐渐使用环境会计系统。环境信息披露是环境会计体现出的结果，从可操作性上来讲，日本走在最前列，目前已确立了比较完备的环境会计体系，提供给企业“环境会计帮助系统”软件，半数以上企业通过专门的环境报告书详细披露环境成本和环境收益，指导性和可操作性很高。

综上可见，发达国家针对环境会计信息披露都有相应的法律法规和政策，并且由于出台时间较早，经过较长时间的修订，相关法律法规已经较为成熟，我国该方面与发达国家差距较大。

（二）国外环境信息披露的现状

对比来讲，国外环境信息披露现状主要体现出以下三个优势：

一是环境信息披露比例较高，呈快速增长趋势。日本内阁于2003年3月在《促进可持续社会建设主计划》中提出的目标是，到2010年，50%以上的上市公司和30%的雇员超过500人的未上市公司应发布环境报告。根据2008年日本环境省对东京、大阪、名古屋三个城市6000多家企业环境会计信息披露的调查数据发现，2007年有1011家企业进行了环境信息披露，比1997年增长了五倍；调查又区分了上市公司与非上市公司，结果发现，在上市公司中，有37.2%引入了环境会计，而在非上市公司中仅20%引入了环境会计，2001年这两项数据仅为

23.1%与12%。这一方面说明了上市公司更倾向于进行环境会计信息披露，另一方面也显示了日本环境会计信息披露的较快发展。

二是披露形式主要为单独的环境报告。美国、日本与一些欧洲国家的环境会计信息披露形式很类似，主要为单独的环境报告，并且以货币与非货币相结合的方式进行表述，在货币表述部分，各公司根据自身的情况，可选用资产负债表、利润表或只列示环境成本。日本有的企业还通过公司介绍手册、营业报告书等反映环境信息，该披露形式使环境信息的内容落到实处，不模糊、不笼统。

三是披露内容主要包括环境政策、环境负债与环境费用。关于环境信息披露的基本内容，这些国家相互之间存在一些差异。美国上市公司环境信息披露的基本内容主要包括：环境信息概况（一些环境事项、环境法律法规等）、环境负债（与环境事项有关的可能支出和负债是否会带来一些或有负债）、环境费用（治理污染费用、环境保护运营支出以及相关环保支出对公司资金流动性的影响等）、相关环境法律法规的遵守情况。根据周洁、王建明（2005）对五家美国上市公司环境会计信息披露案例的分析发现，美国上市公司主要是在年报管理层讨论分析部分披露环境信息；就影响企业财务而言，美国上市公司主要考虑环境政策、环境成本和环境负债三个方面的内容。日本政府制订的《环境会计指南2005》明确提出了环境会计的框架，即环境会计应包括环境保护费用、环境保护效果、环境保护对策的经济效果三个要素，相应的环境会计信息披露的内容形式主要有以环境保护费用为主的“环境保护费用主体型”、以比较环境保护效果为主的“环境保护效果对比型”、以比较环境保护效果和环境对策的经济效果为主的“综合效果对比型”。

第三章
环境信息披露的动机及对融资成本的影响

会计信息披露使原本封闭的财务情况变得易于监督，然而传统信息披露体系在处理环境问题时采用的是鸵鸟政策，经济过程中没有考虑从自然环境获取的收益，也未考虑对环境带来的后果，无法真实反映企业的环境因素对财务状况和经营绩效的影响，无视环境耗费成本和环保负债的结果是虚增财务指标、忽略真实的经营风险。我国企业现行的大部分环境信息只是对如何支持环境项目、环境方面完成哪些义务做了一般性说明，主要选择有倾向性的、利于创造企业良好形象的内容进行披露，并不是真正主动履行社会责任。理论界最早认为，企业会主动承担环境责任和社会责任，但现在流行的观点是外部因素为推动企业披露环境会计信息的主因。Liu 等（2009）发现，我国 2006 年环境信息披露水平较低，仅有 60% 的企业涉及有质量的环境信息，政府部门的压力、公司所属行业的环境敏感度、地区的市场化发展水平都会对环境信息的披露质量带来正面影响，股东和债权人则对环境会计信息披露的作用不明显，企业披露的环境信息看似自己做主，符合自愿披露理论，实则被动披露为主因。国内外对企业内部因素影响环境信息披露水平的研究有不少成果，结果也比较完善，对外部性压力的系统研究较少，本部分将着重研究外部性因素对环境信息披露的影响。

资本成本是公司理财的核心，一个公司盈利最低要能补偿其资本成本才能获得财务的成功，对资本成本进行评估是公司重要的战略计划，会计信息的完全披露有助于减少投资者的不确定性，保持股价上涨和股权成本的下降。投资者至少要知道他所投资的金融工具的质量，建立有效的信息传输系统，并且是“真实”信息的传输系统，这就要求保证上市公司披露信息的真实性、完备性和及时性。2001 年国家环保总局下发《关于做好上市公司环保情况核查工作的通知》，成为企业上市和再融资环保核查政策的开端，此后，随着政策的不断完善，环保核查进入实际操作阶段，为环境信息披露对融资成本的影响研究提供了难得的契机。王霞等（2013）认为，银行作为债权人对环境信息披露水平的影响很小，另外，环境信息披露和债权融资间的信息不对称水平总体低于股权融资，故本章的融资成本特指股权融资成本。吴翊民（2009）发现，企业披露的环境信息越完善透明，投资者的投资信心指数越高，原因体现在三个方面：首先，降低了信息不对称水平，提高了投资者对公司运营状况的信心；其次，规范的信息披露可以缓解特殊事件对股价的冲击，对重污染行业更是如此，如 1994 年印度博帕尔氰化物毒气泄漏惨案使该类型化工企业股价暴跌，但主动披露更多环境信息的企业股价降低程度远低于大多数“沉默”的企业（Reigenga，2000）；最后，环境信息的披露体现出企业敢于承担社会责任的态度和实力，这种暗示增加了投资者好感。本章的经验证据表明，环境信息披露对股权融资有正向促进作用，并且随着外部治理水平的增加，企业承受更多信息披露压力，从而带来环境信息质量的提高和随之而来的股权融资成本降低。另外，非货币化的环境信息披露太多，可能对投资者带来负面影响，如企业披露环境污染程度、环境重大事故、环境导致的赔款等负面信息，会增加货币持有者对企业环境风险的评估，要求更高的股票收益。所以，本章要解决的另一个问题是：随着外部治理水平的增加，非货币化的环境信息对股权融资成本究竟是促进作用还是抑制作用。

本章贡献体现在以下三个方面：第一次将环境信息披露的研究视角从传统的内部因素转向全方位的企业外部压力视角，关注政府和社会多方向外生力的影响，深化和丰富了环境信息披露相关性研究；研究表明，外部性压力可以通过提升企业环境信息披露水平增加投资者好感，降低股权融资成本，证实了环境溢价

的隐形存在，拓展了环境信息的研究范围；将环境信息披露从货币化和非货币化两个角度进行对比，探讨外部治理、环境信息到融资成本的影响路径，以期得出投资者对哪种环境信息更为敏感，为企业提高融资效率、减少信息不对称性提供指导。

第一节　文献回顾

一、环境信息披露动机的文献回顾

环境会计萌芽于环境信息披露，随着企业披露的环境信息越来越多，国外的环境会计研究和应用才得以渐成体系，所以，环境信息披露是环境会计最早涉及的实证研究，打开了环境会计数据分析的大门。其主要经历了三个发展阶段：第一阶段认为环境信息披露水平更多受所属行业、企业规模、资本密集程度、固定资产规模和使用年限、企业文化、社会大环境、国家经济发展水平等因素限制，强调企业主动承担社会责任的理念，如 He 等（2014）发现发达国家总体环境信息披露水平高于发展中国家；第二阶段关注点集中在企业内部，即公司治理、环境管理策略等对环境信息披露的影响，该阶段仍然认为企业领导层会主动承担环境责任，家族性企业也会有差异性的环境行为；第三阶段的理论和实证结果则颠覆了上面的看法，认为企业环境信息披露更多的是被动表现，无论是受制于政府压力，还是被迫满足公众要求。

从内部治理的实证结果来讲，Peters 等（2014）通过对二氧化碳排放的信息披露的研究发现，温室气体排放量是一种非财务数据，代表了环境风险，环境专业委员会的设立和董事会会议的增加能加强董事会中的彼此监督性和多样性，促进环境信息披露水平，而董事会规模增大则会降低环境信息透明度；与 Peters 不同，Simon 等（2001）发现，董事会规模越大的企业越倾向于披露环境信息，大规模的董事会降低了舞弊成本，增加了财务透明度；Cong 等（2011）发现，两职合一和股权集中度高的企业倾向于隐瞒不利的环境信息甚至编造假的环境报告欺骗政府和公众；Brammer 等（2006）同样发现英国股权集中度高的公司环境透明度反而较低；Klein 等（2002）得出独立董事比例与环境信息披露质量正相关的结论；Clarkson 等（2008）证实了公司规模、资本密集度与环境信息披露水平正相关，固定资产新旧程度与环境信息披露水平负相关；黄珺等（2012）也发现第一大股东持股比例、高管持股比例会显著促进环境信息披露水平，国有企业环境信息披露水平更高；Zeng 等（2010）研究了 2005 ~ 2008 年中国制造业上市公司的环境信息披露水平，发现实际控制人为国家的企业环境透明度高于民营企业，且国有股份比例对环境信息披露有促进作用，这与国有企业有政府做经济后盾、需要承担更多社会责任和环境责任不无关系；路晓燕等（2012）以股权性质和股权集中度代表政治压力，发现国有企业环境披露水平明显高于非国有企业，且国有股比例与环境透明度正相关；Laporta 等（1999）也发现，股权结构不同会带来环境信息披露水平上的差异，其中股权性质和第一大股东持股比例最为重要；Karim 等（2006）发现，外资股份比例高的企业没有动力披露更多环境信息；Cormier 等（2005）认为，股权结构、公司规模、股票风险、固定资产适用年龄都会对环境透明度产生作用；Haniffa 等（2002）分析了马来西亚公司治理和文化特征（种族和教育）的重要性，发现企业规模、固定资产和独立董事比例与环境信息披露正相关，另外，非执行董事、董事会家族成员比例和马来人在董事会的比例都会显著影响环境信息透明度；Reed（2014）证实专业的环境审计可以改善环境质量管理程序，促进企业环境信息披露水平；Ling 等（2013）以化工企业为样本，发现无论实施品牌投资偏好策略还是研发投资偏好策略的企业，其环境信息披露水平都高于不实施任何投资偏好的企业；Meng 等（2013）没有发现高管自愿调动水平高的企业与环境透明度有显著关系，但是如果高管自愿调动的程度很低，这类企业披露的环境信息很少。

现在普遍的观点认为，环境信息披露看似遵循自愿披露原则，实则由企业

内、外部合力共同推动，外部因素为主因，所以实证研究逐渐从公司内部扩展到外部压力分析。企业自愿进行环境信息披露的本质是寻求组织存在合法性，在赖以生存的大系统中，每个成员对彼此既有约束又有推动，各方向的压力不断博弈构成普适的行为规范，若企业超越利益相关者划定的行为底线，可能面临无法承担的后果。Guthrie 等（1989）指出，企业在经营过程中首先需要考虑的是其是否符合社会和环境法则，所以企业有动力也有义务将自己的环境信息披露给公众，无论是正面做出的环境保护努力，还是负面造成的环境污染和生态破坏，这是社会认可其合法性的理由之一；最新一篇有代表性的文献是 Bae（2014）的研究，他通过对比 1995～2005 年国有和私营电力企业发现，私营企业将自愿进行环境信息披露作为抢占合法性和经济效益的途径，参加温室气体注册计划更主动，其消费者互动和应对市场压力的能力更强，而国有企业披露环境信息和参与环境管理更多是出于国家强制性规则的驱动；Cheng 等（2010）以我国台湾上市公司为研究对象，发现以政府、债权人和消费者为代表的外部利益相关者在很大程度上影响环境信息披露质量，股东和雇员也给环境信息披露水平带来压力，这些内部和外部性因素综合起来极大地影响了企业的信息披露政策；Cho 等（2007）也认为，企业所谓的“自愿”进行环境信息披露，实质是对外部公共压力的反馈，而这些压力来源于政府和民众对企业环境行为和环境后果的担忧和重视；O'Donovan（2002）对爱尔兰 27 家公司的高管进行了问卷调查，分析发现，企业高管承认自愿披露环境信息的意愿很低，主要是迫于政府、公众和媒体的压力；Liu 等（2009）以 2006 年随机选取的 171 家上市企业为研究对象，利用最小二乘法实证分析了环境信息披露水平的影响因素，研究发现，我国 2006 年企业环境信息披露水平较低，仅有 60% 的企业涉及有质量的环境信息披露，政府部门的压力、公司所属行业的环境敏感度、企业规模、市场化发展水平都会对环境信息的披露质量带来正面影响，而股东和债权人则对环境信息透明度的作用不明显，企业披露环境信息看来是自己做主，符合自愿披露理论，实际上却是被动披露为主因。外部压力分为政府压力和社会压力，前者通过政治压力或资源激励实现，后者通过舆论或市场行为实现，接下来分别从政府压力和社会压力两方面阐述。

政府给企业的环境压力体现在“耳光”和“甜枣”两个方向，政治压力层面主要包括法律和法规约束，资源激励层面主要是各种专项补贴和税收减免。Porteiro（2008）认为，企业忽略外部环境规制问题可能会带来损失，在外部信息不对称的情形下，知情的第三方监管者会促使组织提供更多有关利害的环境信息；Charles 等（2006）研究了美国 2001 ~ 2002 年选举周期中的 119 家环保公司，实证发现政府压力会显著提升环境透明度，提醒企业制定互补的环境战略以应对公共政策的压力；Patten 等（2003）指出，企业环境信息披露主要为了规避政治成本；Frost（2007）发现，随着政府颁布的环境相关法律、法规越来越多，企业披露的环境信息数量和质量显著提高；Orsato（2006）认为，企业进行环境保护和环保技术革新的投入远小于带来的收益，所以没有环境管理的动力，现在的环境信息披露仍是出于政府强制下的不得已；Hankasalo 等（2005）研究了芬兰、瑞典和英国 IPCC[①] 政策对乳制品行业生产中审批过程的影响，发现英国乳制品企业对政府间气候变化专业委员会出台的政策反应敏感，瑞典和芬兰的乳制品公司对其反馈不明显；Burnett 等（2008）证实，美国空气净化法案 CAA 出台后，电力企业整体环境管理水平和环境信息披露水平提高；Menguc 等（2010）发现，政府管制水平和消费者的环境敏感性会刺激企业实施环境战略的动力，披露更多环境信息；Freedman 等（2005）以全球 120 个最大的化工、石油、天然气等能源类企业为研究对象，探讨了京都议定书对温室气体排放量的影响，结果发现，签订京都议定书的国家中企业披露了更多环境信息，而且规模越大披露的环境信息越具体，同一跨国企业在未签订京都议定书的国家披露的环境信息质量显著低于签订议定书的国家，说明环境监管规定的出台对环境透明度有重要影响，也从侧面反映了政府的外部压力对环境信息披露的显著作用；Dasgupta 等（2001）发现，环保部门对企业污染排放更为关注时，这些企业会更多地披露环境信息，对

① 英文全称为 Intergovernmental Panel on Climate Change，是世界气象组织和联合国环境规划署于 1988 年建立的政府间气候变化专业委员会。

政府的“嘉奖”有很好的正反馈；万寿义等（2011）研究了上海证券交易所对环保部2010年发布的《上市公司环境信息披露指南》和《关于进一步严格上市环保核查管理制度加强上市公司环保核查后督查工作的通知》做出的反应，通过窗口研究法发现，我国资本市场对政府发布的环境相关法律、法规会做出积极响应，但响应具有滞后性；王建明（2008）探讨了行业差异和外部制度压力对环境信息披露质量的影响，与其他绝大部分文献的数据来源不同，其环境信息披露指数通过大量问卷调查为每一项环境信息赋予不同的权重得出，结果发现，受到更严格环境监管的企业披露的环境信息质量较高，为我国政府法规迫使企业披露环境信息提供了有力依据；肖华等（2008）以“松花江事件”为例，研究了公共压力与环境信息披露的关系，结果表明，涉事企业事后两年披露了更多环境信息；毕茜等（2012）以重污染行业2006~2010年上市公司为例，证实了环境相关法律、法规的颁布和实施对环境信息披露水平有显著的正向促进作用；唐国平等（2013）发现，政府环境管制强度与企业环保投资呈U型关系，最初企业的环境投入都变成了成本，收益很少，企业没有动力进行环保投入和技术革新，随着政府环境管制的加强，企业甚至“破罐子破摔”，宁愿承受罚款也不愿进行环境管理，但政府管制严厉到一定程度时，环境污染罚款额度远远超出环境保护投资额度，企业开始有动力进行环境管理以降低成本；Matsukawa（2012）发现，排放税政策可以诱导企业进行清洁生产；Cherry等（2012）认为，政府的环境补贴政策如财政拨款、贷款优惠等，可以明显促使企业披露更多环境战略以获取政府好感，提高环境监管效率。

舆论与环境信息透明度相关性的研究文献也比较多。Loureiro等（2013）分析了各国对溢油破坏环境的支付意愿发现，随着全球媒体所报道的大型石油泄漏与环境损害事故数量的增加，提示政策制定者应考虑媒体报道对潜在环境事故的影响，特别是要求企业准备足够的环境保证金；沈洪涛等（2012）证实，舆论监督水平与环境透明度正相关，且政府部门的管制压力能增强舆论对环境信息透明度的正面效果；Aerts等（2009）证实美国和加拿大上市公司对媒体的负面报道非常敏感；Clarkson等（2008）发现，被媒体负面报道过的企业，为取得利益相关者的谅解或重拾公众信心，倾向于披露更多环境信息；Deegan 等（2000）以澳大利亚五大社会事件为切入点考察企业环境信息披露的反应，结果发现，受这些事件影响的企业会利用年报披露更多信息以获得社会认知，媒体负面报道对环境信息披露有正向刺激作用；Basalamsh 等（2005）认为，企业披露环境信息很重要的一个原因是防止声誉损失；Cormier 等（2005）发现，环境尺度的舆论监督会给企业较大的环境压力，迫使企业提升环境透明度，即便企业排放的污染物水平较高；Nola（2002）也认为，公司为了在政府和公众树立良好形象，倾向于提高环境透明度；Cormier 等（2009）发现，媒体对企业环境的关注度会影响企业的环境信息披露行为，在一个高度关注环境的社会中，企业会披露尽可能多的正面环境信息；Brammer 等（2008）以英国 450 家大型污染型上市公司为研究对象，根据环境政策、环境指标、环境审计等五个角度构建环境信息披露指数，结果发现，污染行业类型和公司规模与环境信息披露显著相关，代表舆论监督的媒体报道与环境信息披露相关性较弱；Nyilasy 等（2014）对 302 家企业调查研究发现，通过媒体传播绿色广告的企业，消费者会原谅其产品的低性能，同样，环保性能高的产品经过企业的绿色广告会销量更高；伊志宏等（2012）还发现，市场化发展水平和行业内的竞争程度对环境信息披露有正面影响；Pargal 等（1996）以 1989～1990 年印度尼西亚水污染水平证实社会调节假说，在政府的环境监管力度薄弱甚至缺失时，社团会利用民众压力对企业的污染实行类似“非正式”调节，而最终的污染水平由双方的议价能力决定。

环境敏感型企业是消耗资源和污染环境的主体，面临的环境成本和费用与日俱增，制定决策时考虑环境因素已是势在必行。Pattern（1991）发现，环境敏感行业的大公司面临的政治压力和民众舆论压力更大，倾向于披露更多环境信息；Bewley 等（2000）对 188 家加拿大重污染行业的研究发现，披露环境信息多的是那些被政府关注多、被舆论报道多的重污染企业，轻污染企业由于政府和舆论压力小，环境信息披露很少；Zeng 等（2012）发现，处于环境敏感行业的企业对声誉更为在意，对公众和政府施加的压力有更显著的反馈。这也是本书将研究样本限定在沪市 A 股重污染行业上市公司的原因之一。

全球化程度和企业国际化进程也会对环境信息披露水平产生显著影响，国际化战略是企业优化资源配置、增强环境适应性和竞争力而制定的一系列发展规划，企业到新的国家寻求发展机遇，“因地制宜”是其存在合法性的基础。Matthew 等（2006）以对外直接投资和出口衡量日本企业的全球化程度，结果发现，全球化水平与企业环境管理显著正相关；Matthew 等（2008）继续以日本全球化程度较高的企业为研究对象，发现在发达国家的企业环境信息披露水平非常好，而在不发达国家的跨国企业环境信息披露动力明显不足；Gelb 等（2008）通过对美国跨国公司的实证研究发现，美国本身环境法非常严格，导致这些公司在海外的环境信息披露水平要显著低于在美国本土的披露水平；Kimberley 等（2008）发现，全球化程度与环境信息披露水平显著正相关，全球化与本国法律环境的交互作用与自愿环境信息披露水平负相关；Albornoz 等（2009）认为，国际化程度较高的国家法制健全，各利益相关者更关注企业环境管理水平，这些压力都迫使企业把组织技巧传递给东道国的下属组织，以适应当地的环境要求。可以看出，发达国家和发展中国家的环境信息披露水平有显著差异，在发达国家的跨国企业面临着苛刻的法律制度和高昂的政治成本，国民的环境意识和维权意识很高，这些企业只能按照该国的法律进行更严格的环境管理，披露更翔实的环境信息，如果在这些国家出现严重的“环境错误”，基本意味着企业的消亡；相反，不发达国家的跨国企业环境信息披露水平不容乐观，不发达国家有便宜的人力资源、土地成本和原材料成本，主要承担了企业价值链中的生产环节，这个环节污染最重、利润最低，虽然现在有所谓的“全球契约”倡导国际间环境保护和节能减排，但是发展中国家的法律法规不健全，其隐匿的优先发展经济理念和当地民众较低的环境敏感性都会让跨国企业顺势“入乡随俗”，大大降低对环境管理的投入，更不用说主动进行环境信息披露了。国际化与环境信息披露的相关关系，也从侧面说明了企业进行环境信息披露的主要因素是外部压力，同一企业在不同经济发展水平的国家面临截然不同的政府监管压力、舆论压力和民众环境意识，其环境信息披露水平有显著差别。

二、环境信息披露对资本市场影响的文献回顾

一种普遍的观点是环境责任强的企业，社会责任和经营意识更高，投资者认为环境信息在某种程度上代表了企业积极运营的信号，对这类企业有较好的价值评估，减少彼此的信息不对称水平，可以降低企业权益资本成本。环境信息与权益资本成本的相互关系是从社会责任与融资关系研究中细分出来的，Richardson（1999）最早通过建立反应模型研究了资本市场如何对社会责任信息做出反应，结果发现，社会责任的披露会通过投资者预测风险、信息不对称和交易成本、投资者社会责任偏好三方面对股权融资产生正向影响，进而投射到资本市场上。随着各上市公司社会责任报告披露越来越完善，与融资关系的研究慢慢延伸到了非财务信息方面，发达国家各企业开始披露规范、独立的环境报告，终于使信息披露的应用细分到了环境信息尺度。

早期的该课题大多以事件研究法为主。例如，Share 等（1983）发现，在环境报告公布的前两天，资本市场会出现负向的变化；Klassen 等（1996）利用财务事件法研究了 1985～1991 年美国 36 个企业，其中 14 个环境名声较好的企业得到政府补贴或嘉奖时市值增值 0.82%，另外 22 个环境名声较差的企业在受到政府通报批评或罚款时市值下跌 1.5%，即正面环境信息会带来市值的增加，负面环境信息或较差的环境信息会带来市值减少，并且负面作用大于正面作用，投资者对负面环境报道更为敏感；Reigenga（2000）研究了印度 1984 年的氰化物毒气泄漏事故，该惨案造成 2.5 万人直接死亡，55 万人间接死亡，20 多万人永久残疾，毫无疑问，所有该类型企业股价大跌，但是主动披露更多环境信息的重污染企业，其股价降低程度低于“一言不发”的同类型企业；Cormier 等（2009）认为，如果环境信息的披露能够在一定程度上预测企业未来的业绩和现金流，那么就与企业价值有关，并且通过实证研究证实了该结论，企业环境信息披露确实能够降低股票市场的信息不对称水平；Nike 等（2006）和 Gelb 等（2008）发现，年报和社会责任报告中逐年增加的环境信息披露水平可以提升股

价和当期收益，股票流动性更高；Lars 等（2005）通过对瑞典证券市场的研究发现，重污染行业披露的环境信息越多，企业未来现金流越充盈；Bartkoski 等（2010）证实，北美和欧洲企业积极的环境管理行为有效降低了权益资本成本，增强了融资效率；Aerts 等（2008）以美国、加拿大、法国、德国、荷兰和比利时的上市公司为样本，考察了环境信息披露、专业分析师盈余预测和公众压力之间的关系，结果发现，环境信息披露质量越高，专业分析师对未来盈余的预测越接近真实值，融资效率越高，同时发现，以美国和加拿大为代表的美洲国家环境信息披露与融资效率的正相关关系，没有以法国、德国、荷兰和比利时为代表的欧洲国家两者的正相关关系显著；Schneider（2011）以美国造纸和化工行业为研究对象，利用面板模型进行多元回归实证分析，证实环境因素是股票价格的重要决定因素，低质量的股票受环境因素影响更大，而优质股票与环境几乎没什么关系；Clarkson 等（2004）认为，高质量的环境信息能降低资金持有者的回报期望，减少公司的融资成本；Connelly 等（2004）研究了泰国企业环境报告和资本市场的关系，结果支持波特理论，即环境管理代表了一种正向资产和企业竞争力，环境报告与市场计价显著正相关；Dhaliwal 等（2011）从理论上研究了非财务信息与企业市场价值的关系，非财务信息与财务信息类似的方面是可以降低信息不对称控制交易风险，不同的方面是非财务信息可以直接通过投资者偏好影响资本成本，如投资者对环保责任强的企业有偏好，环境信息的披露能够提升货币持有者对企业未来价值的评估值，投资者对企业的预期风险会变低，股票流动性增强，则该企业的权益资本成本会降低，也就是说，非财务信息的披露与权益资本成本成反向关系；Clarkson 等（2010）以美国 235 家主动向国家环保局报告二氧化硫排放量的污染型行业上市公司为研究对象，发现环境信息披露质量越高，投资者信息增量效应越强，越有助于提高外部利益相关者对公司的整体评价，但是与 Dhaliwal（2011）的理论研究结果不同，并未发现环境信息披露与股权融资效率的显著相关性；Plumlee 等（2009）考察了美国 2000 ~ 2004 年石油、天然气、化工、电力、食品和饮料五大重污染行业上市公司的环境信息披露水平与权益资本成本关系，结果发现，环境敏感行业的企业环境信息披露水平越高，企业未来现金流越充盈，资本成本价值要素越低，相反，环境不敏感行业环境信息披露质量与预期现金流负相关，支持 Dhaliwal（2011）的理论；Salo（2008）认为，在机构投资者越来越关注投资风险和投资机会的背景下，环境信息披露是投资者判断资本市场风险和预测盈利可能性的载体之一，非财务性环境信息会使投资者将眼光更加关注环境领域；Kock 等（2012）认为，股票投资者能够对披露的环境信息做出正确评估，但评估具有滞后性，环境报告与市场计价正相关；Latridis（2013）通过对马来西亚新兴市场的研究发现，环境信息披露水平会影响投资者认知，投资者将高质量的环境信息视作有价值的无形资产，代表了企业的盈利能力和资本支出以及较高的内部管理水平，这类企业进入资本市场障碍较小，投资者对股票有较好的预期，融资水平高于同类型环境信息披露质量低的企业，其中高质量信息披露主要包括饮料、化工、食品、林业、造纸、金属和采矿行业。

我国重污染型企业融资环保核查政策的出台，为该课题的研究提供了契机。沈洪涛等（2010）以 2006 ~ 2009 年上证和深证市场 206 个重污染企业为研究对象，利用最小二乘法和两阶段最小二乘法实证分析了环境信息披露与股权融资效率的关系，结果发现，高水平的环境信息披露能显著降低权益资本成本；相对于不需要再融资的企业而言，有再融资需求的企业环境信息披露与再融资效率关系更强，也更有动力披露环境信息；国家级再融资环保核查执行力度比地方环保核查执行力度高，上市公司环境信息披露与再融资效率的关系也更密切。袁洋（2014）考察了沪市 A 股重污染行业环境信息披露水平与融资效率的相关性，发现财务性环境信息对权益资本成本有显著负向作用，非财务性环境信息对权益资本成本的影响不明显，总体来讲，环境信息披露质量的提高能够显著节约股权融资成本。

当然，环境信息透明度与股权融资成本的关系也取决于环境信息的性质。企业发生重大环境事故、为污染行为道歉或赔偿等负面信息，可能会增加投资者对企业的环境担忧，以拒绝购买该股票或要求更高的股票回报率来抵偿额外的环境风险。例如，肖华等（2008）证实，在“松花江事件”以后，肇事者“吉林化工”所属的 79 家上市公司股票累计收益率显著为负；Connors（2009）发现，有毒物质排放量越高的企业股权融资成本越高。

第二节　研究假说

组织只有在存在合法性的基础上，才能谋求利益最大化。如何对公众和政府体现自己的环境合法性？环境信息披露是得到政府和公众认可、传递企业环境管理和经营情况最重要的信息渠道，使政府、公众和媒体更好地监督企业环境行为。但大部分企业认为环保投资和技术革新的投入会影响收益，没有主动进行环境管理的动力，所以现行的环境信息披露只是企业寻求合法性背景下，出于政府和社会压力的迫不得已，实质是面对外部公共压力做出的看似“自愿”的反馈，这里的公共压力主要来自政府、政治团体和管制机构、消费者以及其他外部利益相关者。企业无节制地排放废水、废气、废渣，透支生态环境，甚至出现严重污染事故，本身就是市场失灵的反应，具体失灵的程度，与政府的“耳光”和“甜枣”、舆论的“正面报道”和“负面批评”、市场上“看不见的手”三个背景密切相关。

Menguc 等（2010）认为，政府在法律法规的基础上严格管制，会使企业披露更多环境信息，体现其实施环境管理战略的动力，以规避政治成本。Cherry 等（2012）提出，利用财政拨款、贷款优惠、税收补贴、排放权交易等经济手段间接约束企业的环境投入，能够诱导企业清洁生产，主动为环境监管付出精力。媒体的关注可以带来政府对企业的不同认知和差异性的消费者互动，积极通过媒体传播绿色广告的企业，消费者会原谅其产品的低性能，环保性能高的产品在广告的刺激下销量也更高（Nyilasy 等，2014）；相反，媒体的负面报道带来巨大压力，企业会尽可能多地披露正面环境信息以挽回形象，特别是曾经出现过重大环境污染事故或环保名声极差的企业，为取得政府和公众谅解，来年的环境信息披露水平非常高，媒体负面报道对环境信息的正向刺激作用甚至超过了正面舆论。不同的产业类型和市场化发展水平使企业处于差异化的竞争环境，环境敏感型企业对声誉更为重视，将声誉视为无形资产，同样，处于竞争激烈行业的企业，为了让自己脱颖而出，需要向社会塑造良好的形象，表达自己的实力和与众不同，其信息披露的主动性更高。Bae（2014）发现，民营企业将环境信息作为抢占合法性和经济效益的途径，可以得到更好的消费者互动。根据以上对外部治理的多角度分析，提出本章的第一个研究假说：

H1：外部治理水平越高，企业面临的环境信息披露压力越大，环境信息披露质量越高。

理性投资者通过企业披露的信息做出投资决策，理论上讲，信息披露越充分，企业透明度越高，投资者对企业的真实价值和未来收益估计越准确，为了使股权融资能够顺利进行，双方需要选定一种最有效的信息传递方式。对重污染上市公司而言，随时面临污染物排放惩罚、资源耗费罚款、媒体和当地居民的负面信息、环境管理的投入和环境治理等多方面的额外成本，投资者更有必要获取企业的真实信息，隐瞒或虚假的环境数据会导致错误的市场信号传递，外部投资者的投资将会效率低下，环境信息披露是现下相对成本最低、价值最高的信息传递方式，一旦信号真实可信，逆向选择降低，投资者会对披露更多环境信息的重污染企业有更好的额外环境风险认可度，从而降低资本回报提出的风险溢价；相反，对于环境信息披露较少的重污染企业而言，股票投资者会相应地调高期望回报率以承担企业环境风险，在这种情况下，融资水平不升反降。另外，从道德风险来讲，很多重污染企业明知面临重大环境风险，仍通过欺瞒骗取投资者的资金，这种风险是极具长期性和破坏性的，企业若能在开始及时克制不良环境行为，可以将损失降到最低限度，但若采取尽力逃避的方式，假以时日出现环境“崩盘”时，种种补救措施将于事无补，给资本市场的正常运转和健康发展带来极其恶劣的影响。环境信息披露是资本市场正常运转和健康发展的重要保障。

沈洪涛等（2010）发现，我国有再融资需求的企业环境信息披露与再融资效率关系更强，更有动力披露环境信息；Dhaliwal 等（2011）认为，非财务信息可以通过投资者偏好影响资本成本，也就是说，投资者本身对环保责任强的企业存在偏好，那么环境信息的披露会减少投资者与这类企业之间的信息不对称，预期风险和预期回报率降低，股票流动性增加，该企业的权益资本成本会降低。Latridis（2013）也发现，环境信息披露会影响投资者认知，将高质量的信息披露水平视作有价值的无形资产和较高的内部管理水平，这类企业进入资本市场障碍较小，投资者对股票有较好的预期，其融资水平高于同类型环境信息披露质量低的企业。Kock 等（2012）证实，环境信息披露对权益资本成本的影响有滞后性，短期内会给环境质量较差的企业带来异常负回报，长期则为环境质量较好的企业带来超额正回报。Clarkson 等（2010）认为，环境信息有助于增加信息增量效应，提高外部利益相关者对企业的整体评价，降低对投资回报率的要求。根据以上分析，提出本章的第二个研究假说：

H2a：其他条件不变的情况下，环境信息披露水平越高，股权融资成本越低。

H2b：外部治理水平提高，环境信息披露水平与股权融资成本的负向关系会得到加强。

环境信息可以分为货币化环境信息和非货币化环境信息。货币化环境信息是财务性环境信息，由于环境信息时效上的延滞性、无形性和复杂性，大部分环境信息都是无法量化的，但是有一部分环境信息可以优先用货币量化表达出来，这种财务性环境信息与传统意义上的财务信息内涵和计量方法相同，对融资影响的机制类似，同样可以减少企业和投资者的信息不对称水平以及股票投资者的交易成本，减少股票预期风险，加强股票流动率。根据以上内容，提出本章的第三个和第四个研究假说：

H3：外部治理水平越高，企业面临的环境信息披露压力越大，货币化环境信息披露质量越高。

H4a：其他条件不变的情况下，货币化环境信息披露水平越高，股权融资成本越低。

H4b：外部治理水平提高，货币化环境信息披露水平与股权融资成本的负向关系会得到加强。

环境信息具有极其特殊的属性，同时兼具商品性和非商品性的特征，以传统会计的货币为单一计量单位，只能模糊表达出环境的一小部分特殊属性，所以为了扩展环境信息的表达，现在的环境信息披露不局限于货币衡量法，企业还采用文字注释、效用指标、图表、百分数、指数或实物指标等多元计量手段，多元性造成了环境信息的不可比。即便如此，这部分非货币化的环境信息也会优先于货币化环境信息反映出企业的环境问题和环境风险，及时给企业有价值的反馈和指导，同时，非货币化环境信息还能拓宽管理者的视野，使企业在政府和公众中树立良好形象。非财务性环境信息披露水平的提高可以降低企业和投资者的信息不对称水平和股票投资者的交易成本，减少股票预期风险，提高融资效率（孟晓俊等，2010；沈洪涛等，2010）。但从另一个可能性来讲，非货币化的环境信息披露太多负面信息，如企业发生重大环境事故、没有通过再融资环保核查、为污染行为道歉或赔偿等，会增加投资者对企业的环境担忧，投资者会要求更高的股票回报率以抵偿这种额外的环境风险。可见，非货币化环境信息对股权融资成本的影响并不确定，根据以上内容，提出本章的第五个和第六个研究假说：

H5：外部治理水平越高，企业面临的环境信息披露压力越大，非货币化环境信息披露质量越高。

H6a：其他条件不变的情况下，非货币化环境信息披露水平越高，股权融资成本越低。

H6b：外部治理水平提高，非货币化环境信息披露水平与股权融资成本的负向关系会得到加强。

第三节 研究设计

一、样本与数据来源

本书选取 2009～2013 年上海证券交易所的所有重污染行业 A 股上市公司，共计 323 家，剔除数据不满连续五年的公司和数据不全的公司，剔除财务状况异

常的ST、PT公司，最终得到258家1290个有效样本，然后通过STATA12分析软件和SPSS分析软件进行实证统计分析。沈洪涛等（2006）研究发现，上海证交所上市公司包括环境在内的社会责任信息披露状况明显优于深圳证交所上市公司。另外，上交所2008年5月14日单独发布了《上海证券交易所上市公司环境信息披露指引》，深交所却并未对上市公司环境信息披露提出具体要求，很明显，上交所上市公司发布的社会责任报告中的环境数据比深交所上市公司更为详细。所以，本书仅考虑上海证券交易所重污染行业企业，暂不考虑深圳证券交易所重污染行业企业，以减少组间异方差，提高结果的针对性和准确性。

国家环境保护总局《上市公司环境信息披露指南》（环办函〔2010〕78号）和《上市公司环保核查行业分类管理名录》（环办函〔2008〕373号）中认定了16个重污染行业，将纺织和皮革合并为一类，最终简化为15个行业样本，具体重污染行业和相应公司数量如表3-1所示。

表3-1　重污染行业和公司数量统计

行业	数量（家）	比例（%）
火电	24	9.30
水泥	10	3.88
煤炭	15	5.81
化工	35	13.57
建材	21	8.14
酿造	10	3.88
发酵	1	0.39
采矿	15	5.81
钢铁	23	8.91
电解铝	6	2.33
冶金	14	5.43
石化	4	1.55
造纸	10	3.88
制药	45	17.44
纺织	25	9.69
合计	258家公司，1290个有效样本	

环境信息披露数据通过年报、社会责任报告、上市公司制度、其他重大事项、环境报告、可持续发展报告、国家和地方环保局网站手工收集；行业监管法律水平数据来自中国法律法规信息系统数据库和各年度《中国环境发展报告》之“政府公报——国家新颁布的环境保护相关法律法规列表”部分；政府环境监管数据来自公众环境研究中心 IPE 网站；舆论监督数据主要通过中国经济新闻库手工收集，并利用新闻网络搜索引擎进行补充；其他数据来自巨潮资讯网、上海证券交易所官方网站、CSMAR 数据库和锐思金融研究数据库。

二、指数的构建和计量

（一）外部治理变量的选择

外部压力的概念来源于组织存在合法性理论和博弈论，企业通过与各方利益相关者博弈来调整自身行为，行为的方向和尺度取决于对决双方的博弈水平，这种动态平衡为组织获得存在合法性，而合法性是企业生存的根基。现在普遍的观点认为，企业进行环境信息披露是由于外部压力带来的结果，内部更多的是被动执行，这种外部压力可以分为两个方面，一是政府施加的压力，二是社会施加的压力，前者通过法律法规或奖励制度实现，后者通过媒体舆论或市场行为实现（王建明，2008）。我们利用主成分分析方法，综合政府和社会因素构建外部治理指标。其中，政府层面包括强制性和鼓励性两个角度，政府强制性选取行业监管法律水平和政府环境监管水平，政府鼓励性选取环境补贴；社会层面包括舆论和市场影响两个角度，社会舆论选取媒体监督水平，社会市场影响选取行业内竞争水平。下面对各个指标进行具体说明：

1. 行业监管法律水平

污染越重的行业环境敏感度越高，受到的政府部门管制压力越大，该指标代表不同类型的重污染行业受到的法律压力。王建明（2008）和毕茜等（2012）

均通过实证证实了严格的法律制度对提高企业环境透明度有显著促进作用。本书统计了自1990年到样本当年度发布的行业内与环境监管相关的法律法规数量，具体包括中共中央、国务院发布的法律法规及文件，各部委和地方政府发布的规章制度，有的地方政府在相关行业环境法规方面力度较大，并经过多次意见征集和修订，本书以最后修订版数量为准。

2. 政府环境监管水平

地方政府对企业环境信息的监管力度代表了政府对环境问题的态度和决心，环境信息公开的最大意义在于可能突破长期困扰中国环保的执法障碍，及时将超标记录公布于众，使企业随时处于强大的社会监督之下，遏制地方寻租的情形。此处选取公众环境研究中心和国际自然资源保护协会每年度发布的各城市污染源监管公开信息PITI指数，可以体现当地环境信息透明度和政府对环境信息披露的监管力度。

3. 政府环境补贴

环境补贴是政府采取的一种鼓励性环境治理政策，对那些积极进行环境管理的企业提供环保奖励、环保补助和税收减免，可以激励企业将更多精力集中在污染源头的控制、生产流程的改进、产品的环保性能等方面。该处数据来源于年报的政府补助明细、与资产相关的政府补助、与收益相关的政府补助、附注、非募集资金项目情况、税收优惠、其他非流动负债、递延收益、营业外收入、专项应付款、与投资活动有关的现金、与筹资活动有关的现金、记入当期损益的营业外收入、其他重要事项说明等。

4. 媒体监督水平

Nyilasy等（2014）发现，消费者对积极宣传环境管理和生产环保型产品的企业容忍度和关注度更高，其产品可以获取环境溢价；Aerts等（2009）也证实，上市公司对媒体负面的环境报道敏感度较大，舆论监督会给企业环境信息透明度带来重大压力，迫使企业披露更多环境信息来为自己辩解，或向社会表达自身“知错能改”的努力。该数据主要来源于中国经济新闻库，并根据新闻数据搜索引擎做了补充，媒体所报道的关于企业环境的新闻分为正面型、中性型和负面型三类，正面型如企业获得的环境大奖、通过的环境认证、上马的新型环保设备、环保方面的投资等；负面型包括出现重大污染事故、受到政府部门的环境惩处、污染物排放超标、当地居民对企业的环境声讨、环评或再融资环保核查未通过等方面；其余未带任何正面或负面色彩的环境新闻为中性报道，如企业正在接受环保部门审核等。通过对三类报道条数加总得到媒体监督水平指数。

5. 行业内竞争水平

行业内竞争水平代表企业面临的行业竞争强度，竞争强度越大的企业，对市场份额的担忧越强烈，特别是面临较大竞争的重污染企业，为了在群体中脱颖而出，势必要披露更多环境信息，以将自己与其他同类型企业区分开来。Bae（2014）发现，民营企业认为自身面临的竞争更大，所以比国有企业更积极参与环境管理，以期得到更多的消费者互动和顾客粘性；Reinhardt 等（2000）也指出，企业的环境管理策略取决于公司所处的竞争地位和竞争对手的行为。此处选用行业内竞争水平来衡量企业所在行业的竞争程度，具体算法是用每个公司营业收入除以该行业所有公司当年营业收入总和得到百分比，将百分比的平方按照行业加总，最后求导得到行业内竞争水平。

表 3－2 是外部治理变量的定义和描述性统计，需要说明的是，为更清晰地表达这几个指标，该表中的数值均为原始值，接下来进行主成分分析的数值为经过 z－score 标准化处理后的数值。

行业监管法律水平呈逐年增加趋势，行业间的环境法律监管强度差异巨大。其中，化工行业限制最严格，有 126 条相关规定；其次是采矿业和制药业；条数最少的为发酵行业，有 13 条相关规定，该类型上市公司数目很少；酿造业条数也较少，有 31 条。可见，国家和各级地方政府对化工、医药、建材等重污染行业监管力度较大。经济水平较高的东部沿海地方政府也更注重环境问题，单独发

表3-2　外部治理变量统计

变量名称		符号	变量定义	最小值	最大值	均值
政府层面	行业监管法律水平	Leg	1990年至样本年度行业内与环境相关的法律、法规总条数	13	126	83.34
	政府环境监管水平	PITI	各城市污染源监管信息指数	8	85	45.79
	环境补贴	Sub	企业得到的与环境相关的财政补贴、税收减免等	0	4.59E+08	3.55E+06
社会层面	媒体监督水平	Media	媒体报道的与环境相关的当年新闻总条数	0	85	2.38
	行业内竞争水平	Comp	企业所在行业受到的竞争压力	1	25	11.30

布了较多的相关环境法规，以限制污染、促进保护。PITI是依据日常违规记录、环境行为评价、排污费、自行监测公示、信访投诉、申请公开、重点企业数据披露、清洁生产审核和环评信息八个项目进行评分的，各市历年得分和排名均有变化，表现最好的是宁波，一直排在第一名，地区间的政府环境监管水平差异巨大。PITI均值从2009年的44.52升高到2012年的52.98，2013年均值却仅为36.75，事实上，政府监管水平是逐年增加的，但由于2013年PITI评分标准与国际接轨，使该年度数值出现反常。收集环境补贴数据的过程中发现，企业能否得到补贴和补贴的额度并非市场经济中企业争相表现环境成效的结果，更多受政府宏观环境政策、企业类型、行业和政治关联的影响，如国有企业倾向于得到更多环境专项补贴；当地推出政府退矿还林、碳排放权交易、水或大气污染补贴等统一政策的企业也容易得到环境补贴或专项奖励金，宏观政策的影响很大；特殊的行业类型易得到政府优惠的环境政策，另外，有节能减排新技术的企业不少受到政府扶持和奖励。媒体监督水平最大值出现在2013年中国石油化工有限公司，报道指数高达85，因为该年度青岛经济技术开发区发生重大爆炸事故，舆论监督达到峰值，数据统计结果显示，虽然所有样本正面报道总数大于负面报道，但是正面报道较为分散，而负面报道会在某年的某企业大幅度爆发，也就是说，舆

论监督实质仍以负面报道为主，主动的正面报道积极性不强，企业间的舆论监督水平差异巨大。行业内竞争水平更多取决于该行业内企业的数量，竞争压力大的企业，其所处行业同类型组织数目较多，反之亦然，其中酵母行业企业很少，行业内竞争压力最小，制药企业数量最多，行业内竞争最激烈，其次是化工产业。

为了消除量纲影响，先将数据进行 z - score 标准化处理，然后根据相关系数矩阵求解。基于构建一个外部治理指数以代表五个分维度指标的考虑，分析前需将数据简化，在不丢失主要信息的前提下避开五个变量间的共线性问题，将原来五个指标组合成相互独立的少数几个能充分反映总体信息的指标，该指标需要能够包含主要信息，却不需要有准确的含义，故此处考虑使用主成分分析法为佳。通过对数据进行 KMO 和 Bartlett 球形度检验得出，Bartlett 值为 1078.826，$p < 0.05$，KMO 为 0.597。KMO 是因子分析所能提取的方差比例，一般小于 0.5 便不宜再做因子分析，越接近 1 效果越好，但本书的分析目的是精简变量而非探测变量间的明确结构，KMO 数值要求可以放宽，0.597 已大于 0.5，进行因子分析在此处是可行的。前三个主成分特征值均大于 1，累计方差贡献率达到 82.635%，超过了 80% 的统计标准，这三个公因子包含了原指标的大部分信息，可以替代原来分散的五个变量作为外部治理指标，利用前三个主成分的加权平均值构建最终指数，权重为该主成分方差贡献率与这三个主成分方差贡献率之和的比值，得到的外部治理指标 OUT 计算公式如下：

$$OUT = 0.6781 \times Leg + 0.3159 \times PITI + 0.1418 \times Sub + 0.4511 \times Media + 0.2192 \times Comp$$

可以看出，各因子系数均大于零，与预期相同，即行业法律制定水平、政府环境监管水平、环保补贴、媒体关注度和行业内竞争水平对企业环保水平影响力方向一致，其中，代表政府压力的前三项因素占 63% 的解释率，代表社会压力的后两项因素占 37% 的解释率，有效地将两方面因素包含在主成分当中。政府压力尤其法律法规是一种直接压力，属于硬性管束，最受企业忌惮；社会压力通过舆论监督和市场行为自行表达，属于软性约束，对企业环境信息披露水平的影响小于政府的强制性约束力。

（二）环境信息披露的衡量

现在普遍使用内容分析法量化环境信息披露指数，关于具体的指标选取原则，我国有比较统一的分类，主要包括以下三种：第一种是根据其能否用货币表达分为货币化环境信息披露和非货币化环境信息披露；第二种是根据强制性披露和非强制性披露分为“硬”披露和“软”披露，由法律法规强制披露的项目属于“硬”的部分，企业自愿披露的其他类目属于“软”的部分；第三种是根据2007年证监会发布的《上市公司信息披露管理办法》分为显著性部分、可比性部分和可靠性部分三个维度。无论哪一种分类方法，都是基于国家环境保护总局《上市公司环境信息披露指南》（环办函〔2010〕78号）的基本类目进行设定的，涉及的具体指标大体相同，三种分类方法殊途同归。

为便于进一步研究，本书以货币化维度对环境信息进行分类。其中，货币化环境信息主要来源于财务报告、财务报表附注和补充报表，非货币化环境信息主要来源于年报中其余部分、社会责任报告、可持续发展报告和环境报告。货币化环境信息指标有9个，非货币化环境信息指标有9个，由于定量数据比定性数据可靠，可参考性更高，所以量性结合的指标赋值为2分，仅定性的指标赋值为1分，没有披露的指标赋值为0，总体最优得分为36分，具体如表3－3所示。

绿化费和排污费主要集中在管理费用、其他与经营活动有关的现金、专项储备等部分；环保投资从在建工程，其他与投资活动有关的现金，专项储备，独立的社会责任报告、可持续发展报告或环境报告等部分收集；环保奖励、环保补助与税收减免从政府补助明细、与资产相关的政府补助、与收益相关的政府补助、附注、非募集资金项目情况、税收优惠、其他非流动负债、递延收益、营业外收入、专项应付款、与投资活动有关的现金、与筹资活动有关的现金、记入当期损益的营业外收入、其他重要事项说明等部分获取；降低污染的收益和废物利用的收入除来源于财务报告外，独立的社会责任报告、可持续发展报告和环境报告也是重要的数据来源；非财务性数据主要来源于单独的社会责任报告、可持续发展报告或环境报告，年报中也披露了一小部分。可见，上市公司环境信息披露带有很大的随意性，无论披露内容还是披露方式，都未能保持较好的一贯性，信息披露的规范性不强。

表 3－3　环境信息披露指标的选取

分类	指标设置	赋值		
		未披露	定性披露	定性定量结合披露
货币化环境信息指标	绿化费	0	1	2
	排污费	0	1	2
	重大环境问题应急支出	0	1	2
	重大环境问题引起的诉讼费用			
	环境相关的赔款、罚款	0	1	2
	环保投资支出或环保借款	0	1	2
	环保奖励收入	0	1	2
	降低污染的收益	0	1	2
	废物利用收入	0	1	2
	企业环保拨款、补助与税收减免	0	1	2
非货币化环境信息指标	环境管理目标	0	1	2
	环境信息披露制度	0	1	2
	环保措施与环境改善情况	0	1	2
	是否执行所通过的认证	0	1	2
	消耗资源的种类及数量	0	1	2
	污染物的种类及数量	0	1	2
	污染物排放达标情况	0	1	2
	有独立社会责任/可持续发展报告	有为 2，没有为 0		
	有独立的环境报告	有为 2，没有为 0		

为了避免人为主观性，各项目赋予的权重相同，最后得到企业的环境信息披露指数 EDI，最优披露质量总分为 36 分，货币化环境信息和非货币化环境信息的最优披露质量总分均为 18 分。本章环境信息指数 EDI、货币化环境信息指数 EDIF 和非货币化环境信息指数 EDINF 计算公式如下所示，数值越高，代表对应的环境信息披露质量越高。

$$EDI = \frac{\sum_{i=1}^{18} EDI_i}{36} \quad EDIF = \frac{\sum_{i=1}^{9} EDIF_i}{18} \quad EDINF = \frac{\sum_{i=1}^{9} EDINF_i}{18}$$

表3－4是样本期间环境信息披露指数、货币化环境信息披露指数和非货币化环境信息披露指数的年度描述性统计。自2010年发布第一份独立环境报告以来，环境报告样本数已增加至2013年的8份，总计21份，占总样本（1290份）的1.63%；发布独立可持续发展报告或社会责任报告的样本数从96份（2009年）逐年增加到117份（2013年），共计532份，占有效样本（1290份）的41.24%，主动发布社会责任报告和可持续发展报告的企业越来越多。就披露的环境数据详细度和质量来讲，独立的环境报告质量最高，数据全面、可信度和可识别度好，独立的可持续发展报告次之，社会责任报告详细性低于前两者，但是单独出具社会责任报告的企业，其环境相关指标也优于未出具社会责任报告的企业。例如，样本中EDI最大值为0.944、EDIF和EDINF最大值为1.000的企业，是因为同时发布了独立环境报告书和社会责任报告，环境报告的环境指数质量较高，对提升环境信息披露水平意义重大。可喜的是，环保部已于2014年10月19日发布了《关于改革调整上市环保核查工作制度的通知》，督促上市公司按照有关法律要求和《企业环境报告书编制导则》（HJ617—2011），及时、完整、真实、准确地公开环境信息，定期发布企业环境报告书，这将给我国环境信息披露水平带来质的突破。

表3－4　2009～2013年环境信息披露总体情况

环境信息披露指数 EDI					
年度	最大值	最小值	中位数	均值	标准差
2009	0.833	0.055	0.185	0.213	0.176
2010	0.833	0.083	0.222	0.247	0.177
2011	0.916	0.083	0.259	0.279	0.182
2012	0.944	0.083	0.296	0.314	0.188
2013	0.944	0.138	0.333	0.348	0.192

续表

环境信息披露指数 EDI/EDINF						
分类统计	货币化环境信息披露指数 EDIF			非货币化环境信息披露指数 EDINF		
年度	最大值	最小值	均值	最大值	最小值	均值
2009	0.833	0.000	0.209	0.888	0.000	0.218
2010	0.833	0.000	0.239	0.888	0.000	0.254
2011	0.888	0.000	0.263	0.944	0.000	0.295
2012	1.000	0.000	0.291	1.000	0.000	0.337
2013	1.000	0.000	0.315	1.000	0.000	0.382

可以看出，EDI 样本均值由 0.213（2009 年）增加到 0.348（2013 年），环境信息披露水平逐年提高。自上交所 2008 年发布《上海证券交易所上市公司环境信息披露指引》以来，企业开始越来越多地提升环境透明度。EDIF 均值由 0.209（2009 年）提升到 0.315（2013 年），EDINF 均值由 0.218（2009 年）提升到 0.382（2013 年），2009 年货币性环境信息和非货币性环境信息水平大致相当，随着企业披露的非货币性环境信息越来越多，二者的披露程度逐渐拉开差距，截至 2013 年，非货币性环境信息的披露水平（均值 0.382）比货币性环境信息的披露水平（均值 0.315）高 0.067。非货币性环境信息披露提升速度优于货币性环境信息，一方面，由于环境信息难以用传统财务办法计量，限制了货币性环境信息的增速；另一方面，随着国家越来越严格的立法和民众渐长的呼声，企业公布了越来越多污染物排放数据，并尽可能多地宣传自身在环境方面所做的努力。

根据年报中提供的环境信息进行赋值具有一定的主观性，不同人对相同环境情况说明的赋值尺度有异，所以收集环境数据的过程必须由同一人完成，同一个人数据的绝对值具有可比性，不同人所收集数据的绝对值只有趋势的可比性，没有绝对值的可比性，这也是为什么有的文献均值只有 0.1 左右，有的文献均值却在 0.4 左右，但这些数据之间的趋势是一致的。另外，由于数据来源和设置标准

的限制，本书选择的环境信息尺度远远低于发达国家，2013 年均值为 0.348，最大值与最小值的差为 0.806，发酵、纺织等轻工行业涉及的环境信息极少，拉低了环境信息总体披露水平，更不用说非上市公司几乎不会披露任何环境信息的情况了，因而我国总体环境信息透明度并不算高，企业间披露质量差异很大，未来环境信息披露还有很长的路要走。

（三）股权融资成本的衡量

融资成本是资金所有权和使用权分离的产物，股权融资成本的实质是资金使用者支付给投资者的报酬，企业给货币持有者支付的费用便是投资者的预期得利。现在股权融资成本的计量模型主要有 OJN 模型、CAPM 模型、GLS 模型、KCT 模型、KES 模型、KOJ 模型、PEG 模型等，事件研究法更适合从股票当前实际回报率角度出发预测未来收益率，但其中隐含一个重要前提，即假设市场是绝对有效的，结果是无偏估计；多元回归更适合基于未来视角的股利折现，没有受有效市场的假设限制。本书选取 Ohlson 和 Juettner – Nauroth 于 2005 年提出的经济增长模型计算（又称 OJN 模型）来衡量股权融资成本，选择该模型基于以下三点考虑：一是该模型相对简便，数据可获得性更强；二是该模型不需要假设股利支付，不需要估计账面价值和 ROE，受限制条件较少，易于实现；三是该模型依照事前风险管理原则，比事后融资成本估计模型更为科学，更适合我国的国情。为了保证结果的可靠性，最后用 PEG 比例模型重新计算股权融资成本来进行稳健性检验，具体公式如下：

$$R=\frac{1}{2}\left[(\gamma-1)+\frac{\delta*eps_1}{P_0}\right]+\sqrt{\frac{1}{4}\left[(\gamma-1)+\frac{\delta*eps_1}{P_0}\right]^2+\frac{eps_1}{P_0}\left[\frac{eps_2-eps_1}{eps_1}-(\gamma-1)\right]}$$

其中，R 为股权融资成本，$\gamma-1$ 代表长期盈余增长率，δ 代表股票过去三年平均股利支付率，eps_1 代表分析师预测的目标年度后一年的每股收益，eps_2 代表分析师预测的目标年度后第二年的每股收益，P_0 为目标年度前一年末的股票收盘价。$\gamma-1$ 设定为0.05，eps_1、eps_2 和 P_0 的数据来自CSMAR数据库中的分析师预测数据库。

（四）其他指标的选取

BETA代表系统风险，选用β系数这个重要指标，测量的是某种股票相对于整个股市的风险敏感度。β等于1即与市场相同，大于1反映了较高的系统性风险，也就是说，系数数值越高，代表股票的市场波动性越大，企业对风险更为敏感，加大了股权融资成本。

股权性质用State表示。路晓燕等（2012）发现，国有控股比例与环境信息披露水平正相关，国有企业受到的政治压力和承担的社会环境责任更大。

第一大股东持股比例用First表示。黄珺等（2012）发现，第一大股东持股比例会促进环境信息透明度。

董事会规模用Bsize表示。Simon等（2001）认为，大规模董事会增加了彼此监督性和财务透明度。

独立董事比例用Pctind表示，是独立董事人数占董事会总人数的比值。董事会中独立董事人数一定程度上决定了上市公司受监督水平，更能维护投资者和其他利益相关者的权益。

两职合一用Dual表示。董事长和总经理由同一人担任容易降低企业的舞弊成本，增加发布虚假信息的可能性。

资产负债率用LEV衡量。投资者对偿债能力强的企业预期较低的经营风险，降低了对股票回报率的要求，股权融资成本从而降低。

盈利能力以总资产收益率ROA表示。投资者对盈利能力低的企业预期较高的经营风险，希望有高的回报率抵偿其不确定性，股权融资成本从而增加。

企业规模用Size表示。较大的公司倾向于进行更多环境管理，吕峻等（2011）发现，公司规模与环境信息披露、环境绩效和财务绩效之间存在显著的正相关关系，所以选取公司规模作为控制变量。

上市年限用Year表示。上市年限长的重污染型企业受到的环境监管时间长，较之上市年限短的企业环境监管力度更大，在这里应作为控制变量。

三、计量模型和变量说明

为检验本章提出的 H1，通过构建模型（1）来探究外部治理水平对环境透明度的影响：

$$EDI_{i,t} = \alpha_0 + \alpha_1 OUT_{i,t} + \alpha_2 State_{i,t} + \alpha_3 First_{i,t} + \alpha_4 Bsize_{i,t} + \alpha_5 Pctind_{i,t} + \alpha_6 Dual_{i,t} + \alpha_7 Size_{i,t} + \alpha_8 LEV_{i,t} + \alpha_9 ROA_{i,t} + \alpha_{10} Year + \varepsilon_{i,t} \quad (1)$$

其中，EDI 代表企业环境信息披露水平，OUT 代表企业受到的外部性压力。如果外部治理对环境信息披露有明显促进作用，则 α_1 显著为正，H1 成立；反之，若 α_1 显著为负或不显著，H1 不成立。

在环境信息披露和股权融资成本相互关系模型（2）中加入外部治理水平 OUT 作为调节变量，用以检验 H2a 和 H2b：

$$R_{i,t} = \beta_0 + \beta_1 EDI_{i,t} + \beta_2 OUT_{i,t} + \beta_3 EDI_{i,t} \times OUT_{i,t} + \beta_4 BETA_{i,t} + \beta_5 State_{i,t} + \beta_6 First_{i,t} + \beta_7 Bsize_{i,t} + \beta_8 Pctind_{i,t} + \beta_9 Dual_{i,t} + \beta_{10} Size_{i,t} + \beta_{11} LEV_{i,t} + \beta_{12} ROA_{i,t} + \beta_{13} Year + \varepsilon_{i,t} \quad (2)$$

其中，R 代表股权融资成本，OUT 代表外部治理水平。若 β_1 显著为负，表明环境信息披露水平越高，股权融资成本越低，支持假说 H2a；若 β_1 显著为正，表明环境信息披露水平越高，股权融资成本越高，假说 H2a 不成立。模型中 β_3 为变量 EDI 和 OUT 的乘积项，若显著为负，表明随着环境信息披露水平的增强，外部治理水平的提高，股权融资成本会进一步降低，支持假说 H2b；若模型中 β_3 显著为正，则表明随着环境信息披露水平的提高，外部治理水平的增强，股权融资成本会进一步增强，不支持假说 H2b。

同样，构建多元回归模型（3）～（6）来检验第三到第六个假设，为简化表达，EDIF_（3）指第三个模型，模型中仅有对应的 EDIF 变量，不考虑 EDINF 变量，其他依次类推，扩展后具体形式如下：

$$EDIF_{i,t}(EDINF_{i,t}) = \gamma_0 + \gamma_1 OUT_{i,t} + \gamma_2 State_{i,t} + \gamma_3 First_{i,t} + \gamma_4 Bsize_{i,t} +$$

$$\gamma_5 Pctind_{i,t} + \gamma_6 Dual_{i,t} + \gamma_7 Size_{i,t} + \gamma_8 LEV_{i,t} + \gamma_9 ROA_{i,t} + \gamma_{10} Year + \varepsilon_{i,t}$$

EDIF_ （3）；EDINF_ （5）

$$R_{i,t} = \delta_0 + \delta_1 EDIF_{i,t}(EDINF_{i,t}) + \delta_2 OUT_{i,t} + \delta_3 EDIF_{i,t}(EDINF_{i,t}) \times OUT_{i,t} + \delta_4 BETA_{i,t} + \delta_5 State_{i,t} + \delta_6 First_{i,t} + \delta_7 Bsize_{i,t} + \delta_8 Pctind_{i,t} + \delta_9 Dual_{i,t} + \delta_{10} Size_{i,t} + \delta_{11} LEV_{i,t} + \delta_{12} ROA_{i,t} + \delta_{13} Year + \varepsilon_{i,t}$$

EDIF_ （4）；EDINF_ （6）

模型（3）和模型（5）中，如果外部治理对货币性（非货币性）环境信息披露有明显的促进作用，则 γ_1 显著为正，H3 和 H5 成立；模型（4）和模型（6）中，若 δ_1 显著为负，表明货币性（非货币性）环境信息披露水平越高，股权融资成本越低，支持 H4a 和 H6a；若 EDIF（EDINF）和 OUT 交乘项系数 δ_3 显著为负，表明随着货币性（非货币性）环境信息披露水平的增强，外部治理水平的提高，股权融资成本会进一步降低，支持 H4b 和 H6b。

现有内部治理和环境信息披露相关研究的文献结论较多，模型（1）、模型（3）、模型（5）涉及的内部治理指标也相对较多，控制变量具体包括股权性质 State、第一大股东持股比例 First、董事会规模 Bsize、独立董事比例 Pctind、董事长和总经理两合性 Dual、企业规模 Size、资产负债率 LEV、总资产收益率 ROA 和上市年限 Year；模型（2）、模型（4）、模型（6）中加入了 BETA 值这个重要指标作为控制变量。表 3-5 是变量定义表。

表 3-5 变量定义

变量性质	变量名称	符号	计算公式
被解释变量	环境信息披露指数	EDI	实际环境信息披露总和/最优环境信息披露总和
	货币性环境信息披露指数	EDIF	实际财务性环境信息披露总和/最优财务性环境信息披露总和
	非货币性环境信息披露指数	EDINF	实际非财务性环境信息披露总和/最优非财务性环境信息披露总和
	股权融资成本	R	通过 OJN 模型计算得出

续表

变量性质	变量名称	符号	计算公式
解释变量	外部治理指数	OUT	行业监管法律水平、政府环境监管水平、环境补贴、媒体监督水平和行业内竞争水平的主成分因子载荷的加权平均值
控制变量	BETA	β	β 系数
	股权性质	State	国有控股为 1，否则为 0
	第一大股东持股比例	First	第一大股东持有的公司股票份额
	董事会规模	Bsize	董事会人数的自然对数
	独立董事比例	Pctind	独立董事人数/董事会总人数
	两职合一	Dual	总经理和董事长为一人任职时赋值为 1，不同人任职时赋值为 0
	企业规模	Size	期末资产总额的自然对数
	资产负债率	LEV	负债总额/总资产
	总资产收益率	ROA	（利润总额 + 财务费用）/平均资产
	上市年限	Year	截至 t 年的公司上市年限

第四节　实证分析

一、描述性统计

表 3 -6 是描述性统计结果，可以看出，环境信息披露水平 EDI 中位数（均值）为 0. 260（0. 281），最大值（0. 944）与最小值（0. 055）相差 0. 889，重污染企业环境信息披露水平一般，企业间环境信息透明度存在较大差异。货币性环境信息披露水平 EDIF 的中位数（均值）为 0. 259（0. 263），略低于 EDI 的中位数（均值），说明环境信息中的财务性信息水平略低于环境信息总体水平，最大值与最小值相差为 1，企业间货币性环境信息差异巨大。非货币性环境信息 ED-

INF 的均值为 0.297，高表于 EDI 的均值，说明环境信息中的非财务信息水平高于环境信息总体水平和财务性环境信息水平，最大值与最小值相差为 1，企业间非货币性环境信息差异巨大。股权融资成本 R 中位数（均值）为 0.117（0.127），最大值（0.567）与最小值（0.100）相差 0.467，股权融资成本偏高，不同年度融资成本差距较大。外部治理水平 OUT 最大值为 7.764，最小值为 -2.323，标准差为 1.012（大于 1），说明数据离散程度较高，样本公司受到的外部性压力差异巨大。β 最大值为 2.094，最小值为 0.251，不同股票的风险敏感度存在较大差距，中位数（均值）为 1.137（1.154），均大于 1，说明样本企业的股票有较高的系统性风险，股票市场波动性大，对风险更为敏感，加大了股权融资成本。股权性质 State 均值为 0.650，研究样本中有 64.6% 的企业实际控制人为国家，与我国上市公司的整体情形大致相同。第一大股东持股比例 First 中位数（均值）为 38.810（39.274），最大值（86.350）与最小值（5.020）相差 81.330，差距很大，标准差高达 16.174，远远大于 1，说明数据离散程度很高，部分样本企业有很高的股权集中度。董事会规模 Bsize 最大值为 2.890，最小值为 1.609，中位数（均值）为 2.303（2.264），说明研究样本的董事会规模偏小。独立董事比例 Pctind 最大值（71.423）与最小值（14.285）相差 57.138，标准差为 5.294，数据波动性较大，从中位数（均值）为 33.333（36.451）来看，部分企业有较高的独立董事比例，但总体独立董事比例较低，使独立董事难以发挥有效的监督和多样化水平。两职合一 Dual 平均值为 0.121，说明董事长兼任总经理的情况正在逐年下降。企业规模 Size 最大值为 28.482，最小值为 19.212，标准差为 1.437，说明样本规模差别较大。资产负债率 LEV 最大值（1.027）与最小值（0.029）相差 0.998，企业的偿债能力和债务融资比例差距较大，中位数（均值）为 0.517（0.512），倾向于杠杆运营。总资产收益率 ROA 最大值为 0.502，最小值为 -0.483，中位数（均值）为 0.057（0.067），盈利能力还有提高的空间。除 OUT、First、Pctind 和 Size 之外，其他变量的标准差都远小于 1，说明数据整体波动性较小，离散程度较低，稳定性较高，用于回归所得结果比较可信。

表3-6　描述性统计结果

变量	最大值	最小值	中位数	均值	标准差
EDI	0.944	0.055	0.260	0.281	0.197
EDIF	1	0	0.259	0.263	0.194
EDINF	1	0	0.259	0.297	0.241
R	0.567	0.100	0.117	0.127	0.037
OUT	7.764	-2.323	-0.098	0.0001	1.012
β值	2.094	0.251	1.137	1.154	0.302
State	1	0	1	0.650	0.478
First	86.350	5.020	38.810	39.274	16.174
Bsize	2.890	1.609	2.303	2.264	0.204
Pctind	71.423	14.285	33.333	36.451	5.294
Dual	1	0	0	0.121	0.326
Size	28.482	19.212	22.358	22.514	1.437
LEV	1.027	0.029	0.517	0.512	0.186
ROA	0.502	-0.483	0.057	0.067	0.064

二、相关性分析

本书先根据SPSS进行Pearson相关性检验，从表3-7中的Pearson相关系数可以看出，环境信息披露各指数与外部治理变量OUT显著正相关，即外部性压力越强，企业披露环境信息的动力越足。EDI、EDIF、EDINF与股权性质State、第一大股东持股比例First、董事会规模Bsize、企业规模Size正相关，与文献结论基本一致，与资产负债率LEV显著正相关，表明偿债能力较差的企业倾向于披露更多信息；货币性环境信息EDIF与总资产收益率ROA正相关，表明盈利能力高的企业有更强的动力披露财务性环境信息。股权融资成本R与EDI的相关系数为-0.138，在10%水平上显著，与EDIF和EDINF相关系数也小于零，但是不显著，需要加入控制变量进行进一步多元回归分析；R与企业性质、企业规模、ROA显著负相关，与预期符号一致，说明随着环境透明度的增加，信息不对称水平降低，股权融资成本降低；国有企业、大型企业和资产收益率高的企业，投资者信心较强，融资效率也较高。R 与 BETA、Dual、LEV 显著正相关，与预期方向一致，说明企业的财务杠杆越小、系统风险越高、管理层监督性较低，投资者的股票风险预期越高。部分变量间的 Pearson 系数显著，接下来需要检测变量间可能存在的多重共线性问题，具体方法是分别测试六个模型中各解释变量的 VIF 值和 Tolerance，通过排序，将各自变量的方差膨胀因子最大值和容忍度最小值摘录到表 3 – 8。

表 3 – 7　变量间的 Pearson 相关系数

	R	EDI	EDIF	EDINF	OUT	BETA	State	First	Bsize
R	1								
EDI	-0.138*	1							
EDIF	-0.201	0.878***	1						
EDINF	-0.100	0.923***	0.626**	1					
OUT	-0.046	0.095**	0.068*	0.100**	1				
BETA	0.218***	0.066*	0.129**	0.004	-0.049	1			
State	-0.069*	0.281**	0.260**	0.249**	-0.044	-0.020	1		
First	0.034	0.236**	0.211**	0.214**	-0.090*	0.013	0.314**	1	
Bsize	-0.043	0.161**	0.172**	0.124**	-0.081*	-0.012	0.276**	0.112**	1
Pctind	0.009	0.015	-0.026	0.045	0.036	0.011	0.014	0.075**	-0.234**
Dual	0.101**	-0.061*	-0.078**	-0.036	0.052	-0.042	-0.163**	-0.175**	-0.056*
Size	-0.065*	0.540**	0.469**	0.503**	0.026	0.005	0.266**	0.430**	0.337**
LEV	0.072*	0.190**	0.257**	0.103**	-0.128**	0.089**	0.189**	0.068*	0.194**
ROA	-0.088*	0.054	0.098**	0.009	0.051	-0.155**	-0.034	0.091**	0.030
	Pctind	Dual	Size	LEV	ROA				
Pctind	1								
Dual	-0.007	1							
Size	0.018	-0.118**	1						
LEV	-0.058*	-0.098**	0.347**	1					
ROA	-0.013	0.026	0.070*	-0.337**	1				

注：样本 N = 1290，***、**、* 分别表示在 0.01、0.05、0.1 的水平上显著（2 – tailed）。

表 3-8 解释变量在各模型中的最大 VIF 值和最小 Tolerance 值

变量	VIF_{max}	$Tolerance_{min}$
EDI	1.507	0.664
EDIF	1.384	0.723
EDINF	1.417	0.706
OUT	1.060	0.943
BETA	1.050	0.952
First	1.373	0.728
Pctind	1.084	0.922
Size	2.056	0.486
ROA	1.222	0.819
State	1.273	0.786
Bsize	1.290	0.775
Dual	1.054	0.948
LEV	1.425	0.702

可见，所有解释变量的最大 VIF 值都小于5，最小 Tolerance 值都远大于0.1，表明多元回归模型不存在多重共线性问题。

三、模型回归结果

表 3-9 统计了外部治理水平对环境信息披露的影响，其中环境信息从总环境信息、货币性环境信息和非货币性环境信息三个维度列示，均与外部治理变量在 1% 的水平上显著正相关，证实企业环境透明度对外部性压力很敏感，政府和社会给企业施加的各方面压力越大，企业主动披露的财务性环境信息和非财务性环境信息越多。在控制了公司治理水平、企业规模、总资产收益率和资产负债率等变量之后，EDI 与 OUT 的相关系数为 0.0161，说明外部治理水平每增加 100 个单位，环境信息披露水平可以增加 1.61 个单位，H1、H3 和 H5 得到验证。

表 3-9 模型（1）、模型（3）、模型（5）回归结果

变量	(1)	(2)	(3)
	EDI	EDIF	EDINF
OUT	0.0161***	0.0146***	0.0176***
	(3.30)	(2.90)	(2.95)
State	0.0708***	0.0585***	0.0831***
	(6.80)	(5.44)	(6.24)
First	-0.000204	0.0000563	-0.000465
	(-0.60)	(0.16)	(-1.10)
Bsize	0.0495*	0.0273	0.0718**
	(1.92)	(1.02)	(2.24)
Pctind	-0.000505	-0.00157	0.000560
	(-0.47)	(-1.52)	(0.42)
Dual	-0.0133*	-0.0188*	-0.0268*
	(-1.90)	(-1.94)	(-1.86)
Size	0.0764***	0.0584***	0.0944***
	(18.37)	(12.92)	(19.67)
LEV	-0.0565	0.0548	-0.168
	(-1.03)	(1.49)	(-0.75)
ROA	0.314***	0.325***	0.304***
	(4.23)	(4.16)	(3.26)
Year	Yes	Yes	Yes
Constant	-1.208***	-0.873***	-1.544***
	(-12.17)	(-8.27)	(-13.09)
N	1290	1290	1290
adj. R^2	0.335	0.261	0.300

t statistics in parentheses

$*p<0.10$，$**p<0.05$，$***p<0.01$

同时，从文中各控制变量来看，股权性质与 EDI 强相关，说明国有企业倾向于披露更多环境信息，这与国有企业需要承担更多社会责任不无关系，与路晓燕等（2012）的结论一致。董事会规模 Bsize 与 EDI 和 EDINF 在 10% 的水平上相

关，与 EDIF 弱相关，但方向一致，可见董事会规模大的企业，管理层多样性较高，其中不乏愿意承担社会责任的领导者，而且彼此的监督性更强，倾向于披露更多环境信息。两职合一 Dual 与环境信息披露指数在 10% 的水平上相关，说明董事长兼任总经理会降低董事会透明度，增加规避环境问题的可能性。企业规模 Size 与环境信息披露指数在 1% 的水平上显著相关，说明企业规模越大，承担环境责任和社会责任的意愿更强，也更愿意披露环境信息以彰显自身的实力。总资产收益率 ROA 与环境信息披露在 1% 的水平上显著相关，说明盈利能力强的企业，有精力也有实力关注环境，向外界传达己方所做的环境努力。第一大股东持股比例、财务杠杆与环境信息披露水平关系不显著。另外，独立董事比例与环境信息披露水平不显著，可能与我国总体独立董事比例太低，难以发挥有效的监督作用有关。

表 3-10 是模型（2）的回归结果，R（1）和 R（2）分别为假说 H2a 和假说 H2b 的验证结果。R（1）中，环境信息披露水平 EDI 和股权融资成本在 1% 水平上显著负相关，意味着环境信息披露水平越强，企业股权融资成本越低，融资效率更高，假说 H2a 得到验证。R（2）中引入了外部治理变量与环境信息披露水平的交互项，检验外部性压力对环境信息披露和股权融资关系的影响，其中，交乘项 EDI * OUT 的回归系数为 -0.0547，t 值为 -1.71，通过了 10% 的显著性水平，从符号来看，负号与预测一致，即外部治理水平的增加可以在某种程度上加强环境信息透明度与股权融资成本的反向关系，假说 H2b 通过检验。两列的 BETA 值与股权融资成本在 5% 的水平上显著正相关，证实了企业相对于整个股市的风险敏感度越大，系统性风险越大，股票对市场波动更为敏感，增加了投资者的盈利期望。两职合一 Dual 与股权融资成本在 1% 水平上显著正相关，说明董事长兼任总经理导致内部控制失效和权利高度集中，代理问题和道德风险增加，资金持有者对企业股票有负面评价。资产负债率 LEV 与股权融资成本的相关系数符号为正，通过了 1% 水平的显著性检验，与预期一致，投资者对债务水平较大的企业有更高的回报期望，股权融资成本更高，财务杠杆对降低股票融资成本效果明显。股权性质 State 与股权融资成本显著负相关，说明国有企业的融资能力高于非国有企业。

表 3-10　模型（2）回归结果

变量	R（1）	R（2）
EDI	-0.0795*** (-5.21)	-0.0708** (-2.24)
EDI * OUT		-0.0547* (-1.71)
OUT		-0.00599** (-2.33)
BETA	0.0642** (2.26)	0.0695** (2.48)
State	-0.00959** (-2.22)	-0.0125* (-1.68)
First	0.00297 (0.38)	0.00521 (0.64)
Bsize	-0.00142 (-0.25)	-0.00711 (-0.12)
Pctind	0.00912 (0.44)	0.00937 (0.46)
Dual	0.0101*** (5.70)	0.0102*** (5.67)
Size	-0.0139 (-0.84)	-0.0151 (-0.89)
LEV	0.0432*** (3.96)	0.0443*** (5.13)
ROA	-0.0109 (-0.06)	-0.0237 (-0.13)
Year	No	No
Constant	0.0977*** (3.44)	0.0986*** (3.48)
N	1290	1290
adj. R^2	0.104	0.109

t statistics in parentheses

$*p<0.10$，$**p<0.05$，$***p<0.01$

表3－11是模型（4）和模型（6）的回归结果。R（3）和R（4）用以验证假说H4a和假说H4b。R（3）中，货币性环境信息披露水平EDIF和股权融资成本在1%的水平上显著负相关，证实了财务性环境信息透明度对降低企业股权融资成本效果明显，H4a通过验证。R（4）中引入了外部治理变量与货币性环境信息的交互项，交乘项EDIF＊OUT的回归系数为－0.0940，在10%的水平上通过了显著性检验，证实了国家加强立法和环境监管以及明确的奖惩机制、舆论水平的提高等，都会给企业带来极大的外部性压力，这种外部治理压力的增加可以显著促进财务性环境信息水平与股权融资成本的反向关系，提高融资效率，H4b通过检验。BETA值、两职合一Dual、资产负债率LEV和股权性质State结果与R（1）和R（2）类似，企业风险敏感性和两职合一会增加股权融资成本；投资者对偿债能力强的企业更有信心，可以降低股权融资成本；货币持有者相信国有企业有政府做后盾，具有政策优势和更高的稳定性，降低了股票的期望收益。

表3－11　模型（4）和模型（6）回归结果

变量	R（3）	R（4）	R（5）	R（6）
EDIF	－0.0986＊＊＊ （－3.07）	－0.0934＊＊＊ （－2.87）		
EDIF＊OUT		－0.0940＊ （－1.85）		
EDINF			－0.0661＊ （－1.90）	－0.0609＊ （－1.81）
EDINF＊OUT				－0.0103 （－1.09）
OUT		－0.00363 （－1.62）		－0.00603＊＊ （－2.54）
BETA	0.0633＊＊ （2.19）	0.0683＊＊ （2.44）	0.0676＊＊ （2.42）	0.0707＊＊ （2.55）
State	－0.0105＊＊ （－2.43）	－0.0135＊＊ （－2.49）	－0.00951＊＊ （－2.20）	－0.00898＊ （－1.85）

续表

变量	R (3)	R (4)	R (5)	R (6)
First	0.00268 (0.34)	0.00414 (0.52)	0.00310 (0.39)	0.00583 (0.72)
Bsize	-0.00176 (-0.31)	-0.00110 (-0.19)	-0.00134 (-0.23)	-0.00619 (-0.10)
Pctind	0.00856 (0.42)	0.00871 (0.43)	0.00101 (0.49)	0.00106 (0.51)
Dual	0.0102*** (5.74)	0.0103*** (5.69)	0.0100*** (5.69)	0.0101*** (5.62)
Size	-0.0102 (-0.65)	-0.0117 (-0.73)	-0.0139 (-0.90)	-0.0143 (-0.90)
LEV	0.0452*** (4.16)	0.0498*** (4.07)	0.0412*** (3.72)	0.0433*** (4.22)
ROA	-0.0868 (-0.01)	-0.0491 (-0.03)	-0.0636 (-0.04)	-0.0213 (-0.12)
Year	No	No	No	No
Constant	0.104*** (3.83)	0.103*** (3.81)	0.0978*** (3.63)	0.100*** (3.71)
N	1290	1290	1290	1290
adj. R^2	0.088	0.097	0.119	0.118

t statistics in parentheses

* $p<0.10$, ** $p<0.05$, *** $p<0.01$

R（5）和R（6）是H6a和H6b的验证结果。R（5）中，非货币性环境信息披露水平EDINF与股权融资成本在10%的水平上显著负相关，但显著性低于总体环境信息和货币性环境信息，假说H6a通过验证。理论上讲，企业披露的负面非财务性环境信息如环境事故、环境赔偿、环境纠纷、环境惩处等，会增加货币持有者对重污染企业的环境风险担忧，增加股权融资成本，但实际上我国的国情是企业仍然以自愿披露为主，他们会选择性地披露对自己有利的环境信息，反倒使非财务性环境信息的披露增加了投资者对企业的好感，企业股权融资成本降低。R（6）中引入的外部治理变量与非货币性环境信息的交互项 EDINF * OUT 的回归系数为 -0.0103，符号与环境信息 EDI 分析结果一致，即外部治理水平的增加可以在一定程度上加强非财务性环境信息对股权融资成本的抑制作用，但是该系数 t 值为 -1.09，未通过显著性检验，假说 H6b 没有得到证实，外部治理的调节作用有限。BETA 值、股权性质 State、两职合一 Dual 和资产负债率结果均与其他列一致，企业的系统风险、两职合一和较低的偿债能力都会增加股权融资成本，国企融资能力高于非国有企业。其他控制变量的符号基本与预测一致，但都不显著，表明董事会规模、企业规模和资产收益率都能在某种程度上降低股权融资成本，但效果极其有限。

总的来说，企业环境透明度对外部治理很敏感，外部性压力对促进企业主动披露更多环境信息有非常积极的作用；货币性环境信息和非货币性环境信息都能显著降低股权融资成本，提高资本市场的融资效率和融资水平；将外部治理变量作为调节变量引入环境信息披露与股权融资成本的关系研究中后发现，外部治理水平的增加可以在某种程度上加强环境信息透明度与融资成本的负向关系，货币持有者处于较高的环境关注度时，会加强对环境因子的考虑，但非货币性环境信息未通过显著性检验。

四、稳健性检验

对于模型（1）、模型（3）和模型（5）而言，环境信息披露指数本身已经按照评估体系中的“可货币化”和“不可货币化”区分开来，重新构建了侧重反映财务方面和非财务方面的环境信息，并各自进行了类似的回归分析，结果显示，三种类型的环境信息指数与外部治理水平的相关结论类似，具有较好的稳健性，此处不再单独做稳健性测试。

对于模型（2）、模型（4）和模型（6）而言，替换关键的因变量——股权融资成本，分别从不同的自变量——环境信息的总体、财务性和非财务性进行回归分析，检验之前研究结果的稳健性。此处使用 PEG 比率模型重新计算股权融资成本，该模型假设零股利支付政策背景下，股票价格与账面价值的差异可以代表剩余收益，公式如下：

$$r = \sqrt{\frac{eps_2 - eps_1}{P}}$$

其中，r 为股权融资成本，eps_1 代表分析师预测的目标年度后一年的每股收益，eps_2 代表分析师预测的目标年度后第二年的每股收益，P 为当前股价。eps_1、eps_2 和 P 的数据来自 CSMAR 数据库中的分析师预测数据库。

表 3－12 列出了模型（2）、模型（4）和模型（6）稳健性检验的部分关键结果，可以看出，虽然各模型的回归系数和 t 值略有变化，但显著性并未发生实质性改变，说明环境信息披露水平的提高可以显著降低股权融资成本，而外部性压力的增加能够进一步加强二者的负向关系。需要特别指出的是，之前外部治理变量与非货币性环境信息的交互项 EDINF * OUT 没有通过显著性检验，t 值为 －1.09，仅是符号与预期一致，EDI * OUT 和 EDIF * OUT 均通过了 10% 的显著性检验；稳健性检验中交互项 EDINF * OUT 的 t 值为 －1.82，通过了 10% 水平的显著性检验，EDI * OUT 和 EDIF * OUT 均通过了 5% 的显著性检验，总体环境信息与财务性环境信息的显著性仍然大于与非财务性环境信息的显著性，实质与之前的统计结果是一致的。本章模型的研究结果具有可靠性。

表 3－12　模型（2）、模型（4）、模型（6）的稳健性检验结果

变量	r（1）	r（2）	r（3）
EDI	－0.0244 ** （－2.07）		
EDI * OUT	－0.0220 ** （－2.42）		
EDIF		－0.0139 ** （－2.26）	
EDIF * OUT		－0.0220 ** （－2.36）	

续表

变量	r (1)	r (2)	r (3)
EDINF			-0.0206 ** (-2.16)
EDINF * OUT			-0.0143 * (-1.82)
OUT	-0.00677 (-1.46)	-0.00600 (-1.40)	-0.00391 (-0.94)
BETA	0.0893 ** (2.46)	0.0467 ** (2.46)	0.0605 ** (2.22)
State	-0.00975 ** (-2.25)	-0.0109 ** (-2.52)	-0.00956 ** (-2.22)
First	-0.00115 (-0.87)	-0.00954 (-0.72)	-0.00120 (-0.90)
Bsize	-0.00547 (-0.57)	-0.00452 (-0.47)	-0.00574 (-0.60)
Pctind	-0.00110 (-0.00)	-0.00191 (-0.06)	0.00294 (0.09)
Dual	0.0106 ** (2.15)	0.0111 ** (2.24)	0.0101 ** (2.05)
Size	-0.0115 (-0.65)	-0.0212 (-1.31)	-0.0113 (-0.64)
LEV	0.0445 *** (4.04)	0.0472 *** (4.29)	0.0426 *** (3.80)
ROA	-0.0101 (-0.03)	0.0319 (0.09)	0.0192 (0.01)
Year	No	No	No
Constant	0.158 *** (4.01)	0.173 *** (4.60)	0.157 *** (3.99)
N	1290	1290	1290
adj. R^2	0.098	0.120	0.111

t statistics in parentheses

* $p<0.10$，** $p<0.05$，*** $p<0.01$

本章小结

了解环境行为和市场行为，以及两者之间的重要关系，并做出合理决策，是权衡经济行为和环境管理的重要途径。鉴于这一目的，本章利用我国2009～2013年重污染行业上市公司的环境数据和财务数据，探究了环境信息披露与融资成本的关系，并阐述了外部治理压力在二者关系中所起的作用。通过一系列分析后，本章得出以下结论：

在控制了其他因素的影响之后，外部治理水平越高，企业披露的环境信息质量越高。企业进行环境信息披露更多的是外部压力带来的结果，企业本身则是被动执行者，政府在其中起着至关重要的作用，通过严格的、有针对性的环境法律法规和专业的环境监管，突破政府对企业的地方保护主义，企业会倾向于披露更多环境信息，以获得政府的合法性支持；政府明确的奖惩机制促使企业主动增加环境透明度，以期得到政府的好感和经济帮助；积极宣传环境管理行为和成效的企业有望得到消费者的好感和购买偏好，排污企业通过媒体处于公众监督之下，也会被迫表达自身所做的环境努力；面临强大竞争的重污染企业，倾向于披露更多环境信息，使自己与其他不注重环境保护的企业区分开来，获得更多政府好感和顾客购买偏好。

环境信息披露水平越高，股权融资成本越低，同时，随着外部治理水平的增加，环境信息对股权融资成本的负向关系会得到加强。投资者是环境会计信息的主要使用者之一，他们虽然不直接参与企业的生产经营，但企业的活动和决策会对他们的利益产生直接影响，接着他们又会给企业相应的后续反馈。企业提高环境信息透明度，从两个角度降低融资成本：一方面，投资者为规避重污染企业的环境风险，会认为那些环境信息披露质量不高的企业信息不对称水平较高，给予其更高的环境风险折价，随之而来的是货币持有者期望的收益率增加；另一方面，投资者认为充分披露环境信息的企业更有实力和更有环境道德，投资意愿加强，融资难度降低，融资规模增大，增强了资金流动性和融资效率。外部性压力增加带给投资者的信号是政府和公众更加关注企业的环境行为，企业的环境违法成本更高，于是投资者在做投资决策时将额外关注重污染企业的环境风险和环境成效，赋予环境溢价，所以，外部治理水平的增加会加强环境与融资成本的关系，为企业提高融资效率提供决策依据。

外部治理水平的增加能够在某种程度上加强环境信息透明度与融资成本的负向关系，但其促进财务性环境信息与股权融资成本相关性的作用优于非财务性环境信息。究其原因，非货币化的环境信息计量方式非常多元，既有文字注释，又有效用指数或图表等多种类型，非专业人士难以理解很多数据所表达出的深层含义，更不用说对这些环境信息进行对比和预测了，这就造成了非货币化环境信息可参考性降低，另外，企业不得不披露的一小部分负面的非货币化环境信息，也会中和信息透明度在降低股权融资成本方面的效果。而货币化环境信息与财务信息的内涵和计量方法一致，便于投资者理解和分析，因此，政府和社会给企业更大环境压力以后，货币持有者对财务性环境信息的参考度增加。

第四章 公司治理和政治关联对环境绩效的影响

环境污染和资源浪费本身便是市场失调的表现，企业充分利用各种环境要素都是为了获取核心价值最大化，在这个过程中，环境消耗和环境维护不断博弈，最终体现出来的环境水平代表了市场失调的程度。政府和社会施加外部驱动力给企业使其进行有效的环境监管和环境治理，企业自身也受到主动实施环境行为的内部驱动力，这种内外部的力量通过环境管理实现了环境绩效水平，环境绩效越高代表环境维度的市场失调水平越低。第一章的关键概念界定中曾指出，环境绩效包括反映企业对自然环境影响能力的社会环境绩效和反映对企业运营影响能力的企业环境绩效，由于很多企业把环境管理视为额外的负担，并没有将其作为提高自身竞争力、增强竞争优势的手段，缺乏进行环境管理的动力，所以现在外部利益相关者仍是环境绩效信息的主要使用者，加之环境绩效数据的复杂性和多样性，受数据来源的限制，本书所指的环境绩效是狭义上的环境绩效，是从外部使用者角度而言的显性绩效，主要用企业环境影响的直接测量值（如资源消耗指标、排放物和废弃物指标等），这些偏环境的指标度量企业环境管理对自然环境的影响和企业合法性程度，是政府和社会要求的环境管理外部表现（袁广达，2010）。

外部利益相关者有权利知道企业运营带来的环境后果。政府将资源使用权交给企业，有资格监督企业环境行为，以抑制社会的环境风险；公众不可能置身企

业产生的环境外部性之外，他们虽可以享受企业实施积极环境战略带来的环境成效，但更多的是要承担环境污染和生态破坏的恶果，这些环境行为的外部不经济性给企业实施环境管理的压力；外部投资者希望企业有合理的环境绩效，规避环境风险。就企业自身而言，无论从事何种与环境相关的生产经营活动，势必导致某种环境支出，积极参加环境管理行为会产生直接或间接的环境收益，从法律和道德的角度来讲，企业既需为负面的环境后果付出代价，也可以从正面的环境成果中受益，因此，企业有动力也有压力实施环境管理行为。Ramanathan 等（2014）发现，内部利益相关者对环境绩效的影响最大，其次分别是经济压力、环境法规、外部利益相关者，也就是说，环境绩效的最终效果主要靠企业内部运营来实现。

与第三章的外部压力视角不同，这部分从公司治理的角度出发评价企业环境绩效水平。在信息不对称的情形下，委托人难以观测和评估代理人的环境行为，这时公司治理的核心变成了安排各种制度和契约解决双方的代理成本，保障委托人的权益。独立董事比例、董事会规模、高管薪酬、高管长期激励、两职合一、高管持股比例、管理层价值观、是否家族企业、独立的环境委员会、专业的环境审计、环保技术等因素都会影响环境绩效水平（Charl 等，2011），随着时代的发展和全球环境意识的崛起，公司治理和环境绩效的相关性在不断加强。

关于政治关联的影响，现在有两种对立的观点。一种观点认为，政治关联的企业与政府有一定的“血缘关系”，可以帮助企业获得政治优势，得到更多资源优待和政策扶持，这些资源给企业足够的动力和实力实施环境管理，作为积极的正反馈，企业同样希望有好的环境绩效表现，进一步得到政府的支持，在这里，政治关联是促进环境绩效的因素。另一种观点认为，政治关联代表了一定程度的腐败和低效。雷倩华（2014）通过实证研究证明政治关联会削弱政府的环境监管效果，如国企高管很多由非科班但曾经有政府背景的高官构成，他们缺乏对专业领域的深刻认识和基本技能，更关注个人升职，搞没有意义的“面子工程”，加强了“懈怠”和“不作为”的可能性；私营企业纳入有政府背景的管理者，希望环境问题可以由这些人“兜着”，更倾向于粉饰环境报告，在环境方面偷懒，进一步导致资源过度浪费和环境污染，带来更严重的环境外部不经济性问题。这里政治关联成为企业企图走“捷径”或“钻空子”的手段，用以逃避环保投入和环境管理，是抑制环境绩效的因素。由此引出以下问题：政治关联究竟是促进企业进行环境管理，还是引诱企业逃避环保投资？

本章在回顾文献的基础上，首先进行了公司治理和环境绩效的相关性研究，其次探讨政治关联对环境绩效的影响，最后从政治关联在公司治理和环境绩效两者关系中所起作用的角度，综合考察不同的公司治理因素、政治关联对环境绩效的影响。与以往的研究相比，本章的特点主要体现在以下三个方面：一是从环境法规、环保目标和政府奖励惩处三个维度选取五个指标构建环境绩效指数，完善了环境绩效衡量指标，丰富了环境绩效的评价标准；二是首次运用 Janis – Fadner（J – F）系数来计算环境绩效，将企业的环境事故、环境惩罚、未通过环保核查等负面效应更准确地反映出来；三是将政治关联纳入环境绩效视野，分析政治关联在公司治理和环境绩效关系中起的作用，拓展了环境绩效的研究视角，为政府决策提供指导。

第一节　文献回顾

企业一旦有环境管理行为，就会有环境绩效，它是环境学研究的经典话题，也就是说，环境绩效这个概念实际上远早于会计学中的环境信息披露，但环境绩效属性极其特殊，既复杂又无形，难以量化，即便环境学领域也只能以案例研究为主，因此环境会计实证研究早期并未将环境绩效作为切入点。随着美国经济优先委员会为重污染企业基于十三个维度进行综合评分得出 CEP 指数、美国指定法要求企业定期填报《有毒物质排放清单》得出 TRI 指数以来，这两个指标作为环境绩效的替代变量才逐渐被纳入会计研究的视野。

陈璇等（2010）认为，公司治理会影响管理者对环境压力反应的选择，进而

影响企业环境绩效水平；Josefina（2008）以240家污染企业为对象，提出四种环境响应模式代表不同的环境目标和内部资源配置，研究了股东对环境压力的反应模式，指出不一样的环境战略会带来差异化的环境绩效；Zahra等（1989）认为，董事会规模促进企业的环境绩效，一个规模较大的董事会，构成人员的背景会多样化，其中有可能出现环境敏感型或环境偏好型领导者，他们会加强企业的环境管理水平，及时遏制环境违法行为，另外，其中会有长远眼光的管理者，不会只局限于眼前经济利益，为了企业口碑和长远考虑，愿意在环境保护和宣传方面承担成本；Elsayed等（2009）也认为，大规模董事会虽然会增加协调和组织的成本，但是董事会规模与环境绩效显著正相关；Charl等（2011）研究了董事会特征和环境绩效的关系，董事会特征以独立董事比例、董事长是否兼任总经理、股权集中度、高管薪酬表示，另外还考虑了董事会规模、董事长和总经理是否在其他企业兼任、董事会中是否有律师、任职期限这几个变量，结果发现，独立董事比例、董事会规模、董事会中是否有律师与环境绩效正相关，该结果为董事会中哪些人对企业环境管理有重要作用提供依据；Minow等（1991）认为，大型机构股东为了追求强劲财务绩效，过分追求短期收益，会忽略环境因素，带来更大污染，而独立董事与企业的收益没有关系，少了经济利益的驱动，可以从更客观的角度提出建议，所以独立董事比例越高，企业环境管理程度越高，环境绩效更好；Gautschi等（1998）认为，独立董事基本由其他企业的管理者和高校学者担任，这批人的道德水平较高，不能容忍企业做出环境违法行为，并希望企业在一定程度上可以进行环境管理、承担社会责任，故独立董事可以促进环境绩效的改善；Richard等（1999）以机构投资者类型和持股比例、高管持股比例、独立董事席次比例构建公司治理有效性，结果发现，公司治理机制越好的企业，对环境保护的态度更为积极，更愿意承担环境责任；Keim（1978）讨论了股权集中度对社会责任的影响，股权集中度高的企业对环境维度的社会责任关注度很低；Patton等（1987）认为，董事长和总经理由一人兼任时，缺乏监督机制，可能会为了个人利益追求短期财务增长，带来环境损失；Cong等（2011）通过实证研究发现，两职合一的企业更倾向于隐瞒环境信息或者粉饰环境报告，环境绩

效较低；Pascual 等（2009）以美国 469 家重污染行业企业为样本分析了 CEO 薪酬、CEO 长期激励和独立的环境委员会对环境绩效的影响，结果发现，无论是将环境绩效和高管收入挂钩，还是延期支付高管薪酬、成立单独的环境管理委员会，都会对企业环境绩效带来正向影响，同时，企业的环境管理制度（如采用前端预防而不是末端治理）对 CEO 激励和环境绩效的关系有调节作用；Salo（2008）在机构投资者对投资风险越来越敏感的背景下研究了公司治理影响环境绩效的成因和路径，发现随着时代的发展和全球环境意识的崛起，公司治理和环境绩效的相关性在不断加强。

Egri 等（2002）发现，管理层的价值观对企业环境战略起重要作用，那些认为环境绩效能提升企业形象的管理层会更注意企业的环境问题；Sharma（2000）根据加拿大 99 家石油和天然气公司高管的问卷调查，探讨了管理者背景不同对环境的影响，一部分管理者认为环境可以强化企业竞争力，更愿意关注企业的环境问题并为此投入人力、物力、财力，另一部分管理者则认为环境管理会增加运营成本，他们只会在企业找到存在合法性的最低水平上关注环境问题；Ullmann 等（1985）认为，公司环境战略对环境行为有重要影响，实施积极环境行为的企业会有更好的环境表现；Aragon - Correa 等（2003）从理论上探讨了如何通过改善企业内部的生产和运营过程提高环境绩效，进而增加企业竞争力；Walls 等（2012）从理论角度指出所有者、管理者和股票投资者如何影响环境绩效，以及这三者之间的内在互动过程；Pascual 等（2010）以西班牙 194 家重污染行业的家族企业为研究对象，对比了家族企业和非家族企业对环境责任的履行程度，结果发现，家族企业的环境绩效水平要高于非家族企业，一方面是由家族企业的公司治理结构导致的，另一方面还因为家族企业都希望长效经营，不会过分关注短期经济利益，这种长远的眼光有利于企业社会责任的履行；Charles 等（2006）收集美国 2001 ~2002 年选举周期中的 119 家环保公司为样本，控制了企业规模和行业因素后实证研究发现，企业的政治支出成本与环境绩效有强烈的反比关系，也就是说企业过多投入政治关联代表了一种“表演”，以掩饰其不积极的环境行为，政治关联策略是它们故意忽略环境责任、歪曲环境绩效、出现重大道德

失误的手段；Porter 等（2006）发现，随着环境相关法律法规的完善和执行力度的加强，环境绩效差的企业会面临更大的不确定性，将迫不得已改善环境管理的效率以提高环境绩效规避风险；林汉川（2007）认为，如果进行环境管理能够增加企业价值，至少在不造成过分损害的情况下，企业才会有动力将环境因素考虑在生产经营过程中，否则只会被动地做到环境保护的最低限值以寻求存在合法性；钟朝宏（2008）对比了中外环境绩效评价规范研究，从企业外部（政府、社会、舆论和非政府组织四个维度）分析了如何提升环境绩效，特别是政府的外部规制（如排污权交易、生态补偿、环境税收和补贴等）可以促进企业综合的环境绩效水平；Liu 等（2010）通过对企业内部管理经营者、股东、债权人、舆论监督和社会组织等方面的研究发现，股东和债权人大部分秉持发展环境就要压榨经济利润的概念，他们对企业内部的环境绩效几乎不起任何正面作用，外部舆论监督和社会组织虽然积极关注企业环境行为，但影响力远不如股东和债权人；Reed（2014）证实，专业环境审计可以改善环境质量管理程序，提高环境绩效；Ramanathan 等（2014）通过对英国制造型企业的研究发现，内部利益相关者对环境绩效的影响最大，其次分别是经济压力、环境法规、外部利益相关者，环保法律的惩罚曾对环境绩效产生过积极和深远的影响，但是随着国家经济水平的提高，企业对法律处罚的恐惧和担忧已降至较低水平，这也侧面说明了英国国内环境绩效水平整体提高了；Testa 等（2014）对比了意大利 229 家能源密集型企业对国际 ISO14001 标准和欧洲 EMAS 体系的不同反应，观察企业二氧化碳排放的减少情况，发现两个标准对提高短期和长期环境绩效都有明显的正向作用，但其环保效果有差异；Picazo 等（2014）认为，环保技术的提升可以有效增加生态效率，改善环境绩效。

值得说明的是，现行的环境绩效衡量方法只能体现环境管理的冰山一角，其他内涵型隐性数据藏在水面之下，可控性较低，这要依赖于环境学对环境绩效研究的进展，会计研究人员对此基本是无能为力的。但是无论如何，环境绩效的引入都是对曾经狭隘的、只关注财务报表借贷关系的传统环境会计实证研究方法的突破，环境绩效真正为企业环境管理和经济效果构筑了探究的桥梁。

第二节 研究假说

良好的公司治理是现代市场经济和证券市场健康运行的微观基础，与其说它是一种机构设置，不如说是一种机制的安排。成功的公司治理通过建立一套成熟的制度，使公司内部的每一个治理单元都能独立并且正确地发挥作用，保护绝大多数利益相关者的权益（高明华，2009）。环境责任是企业必须面对的社会福利内容，信息对称时，市场可以达到帕累托最优水平，但环境信息属性特殊，在信息不对称的情形下，委托人难以监督和控制代理人的环境行为，为减少道德风险和逆向选择问题。公司治理通过安排各种制度和契约解决双方的代理问题，那么，这种所有权和经营权的分离，是否可以在一定程度上收敛企业环境行为的外部不经济性，保障委托人和其他利益相关者的权益，减少企业“搭便车”行为，是本章的研究内容。根据文献统计结果，依次选取股权性质、董事会规模、独立董事比例、两职分离和高管薪酬五个公司治理指标建立研究假说。

国有控股公司与政府联系密切，更容易得到政策优待和经济支持，企业即便认为投资于环境管理会增加运营成本、降低竞争力，但如果国家的目标为优先实现社会利益，其次才是经济利益时，企业会毫不犹豫地执行国家目标，此时公司经营业绩一般不会影响到领导者的个人前途，反倒因优先服从国家利益增加了晋升砝码。也就是说，从压力角度来讲，国有企业对解决就业、保护环境、增加社会福利有更重的责任，国家也能更直接地对其控制和传递自身政策导向，企业此时不能仅仅以追求经济利益最大化为终极目标，在政府的压力下更有可能承担环境责任；从激励角度来讲，国有企业更容易受到政府的保护和扶持，他们容易获取异质性资源，也有更多“退路”，对经济损失的担心低于非国有企业，有动机将环境成本内部化，如 Ghazali（2007）研究发现，马来西亚的国有控股公司会承担更多社会责任和环境责任，这里的国有企业代表正向资源。据此我们提出假

说 1a：

H1a：在其他条件不变的情况下，与非国有控股上市公司相比，国有控股公司的环境绩效更好。

董事会规模是公司治理和战略控制的重要因素，虽然有观点认为，董事会规模越大，越增加管理层的运营成本和沟通成本，但从另一个角度看：首先，董事会规模扩大，代表管理层异质性增加，其中不乏环保人士和具有专业环境技能的领导者，其环境偏好和环境敏感性可能引导企业做决策时考虑环境管理，从口碑和环境外部性的长远考虑，也愿意在环保和环境宣传方面承担成本；其次，大规模的董事会意味着更多的政治资源，有机会获得更多外部投资，也可能更早地获取有价值的信息；最后，董事会的规模越大，彼此挟制和监督的水平增加，如果企业做出了不利于环境管理的决策，能更早地发现问题，及时应对。Elsayed 等（2009）证实了董事会一方面会增加组织协调成本，另一方面也提升了企业环境绩效。根据以上分析，提出假说 1b：

H1b：在其他条件不变的情况下，董事会规模与环境绩效水平正相关。

独立董事独立于企业运营之外，不偏袒任何一方，考虑的是团体的益处和长期发展水平，可以抑制董事会“独大”的情形，其最大的特点是独立，最重要和最有实际意义的职责是监督。Charl 等（2011）证实，独立董事大多由高学历的学者或有丰富管理经验的管理者担任，一方面他们道德水平较高，其中不乏环保人士和环境敏感型人士，另一方面没有企业经济利益最大化的目标，在监督时更有可能维护投资者和其他利益相关者的权益。董事会中独立董事人数一定程度上决定了上市公司内部受监督的水平，他们有跟踪和协调企业是否实施环境责任的动因。据此提出假说 1c：

H1c：在其他条件不变的情况下，独立董事比例越高，企业环境绩效表现越好。

董事长兼任总经理时，董事会无法有效实施监督职能，本应由董事会选拔公司的总经理等高层执行官员来负责公司的具体经营管理事务，并决定他们的奖惩制度，两职合一使董事会难以评价总经理绩效，也难以监督和解聘总经理，权利的放大使董事会被董事长操纵。Patton 等（1987）认为，董事长和总经理由一人兼任进一步增加了信息不对称水平，监督机制无法有效运行增加了委托代理问题，此时董事长可能会为谋求一己私利损失委托人的利益带来逆向选择，在这种权利高度集中的情形下，企业舞弊可能性增加，管理层很有可能选择个人短期利益而放弃长期的环境规划。因此，我们提出假说 1d：

H1d：在其他条件不变的情况下，董事长与总经理由不同人任职时，企业环境绩效表现比两职合一要好。

经营者作为特殊的群体，既满足经济学中“经济人”的基本假设，也满足管理学中“自我实现”的人性假设，他们毫无例外地具备追求个人私利的强烈动机和愿望，却也迫切希望自己的经营才能被市场认可（高明华，2009）。董事会作为投资者的代理人，对其控制水平的度量和薪酬支付的强调能激发他们的工作能力，尤其可以增加他们决策控制的科学性，并愿意承担决策控制的风险，因此，对高管进行薪酬激励不仅是必要的，也应区别于对一般员工的激励。由于信息不对称，当经营者的薪酬与短期利润紧密联系时，他们倾向于追求短期利益，忽视企业的长期发展，但实际上，社会福利中的环境诉求是长期的，企业相应做出的环境战略不可能短期实现。Pascual 等（2009）发现，环境风险（特别是可能的环境事故）会对企业未来发展走向产生极大的不确定性，管理者此时会将自身利益与企业长期战略相结合，弥合彼此的利益分歧，做出最优决策，高管薪酬和环境绩效关系显著。根据以上分析，提出假说 1e：

H1e：在其他条件不变的情况下，高管薪酬越高，企业环境绩效表现越佳。

政治关联对环境绩效的正、负两种可能影响，能够从公共利益理论和部门利益理论解释。传统的公共利益理论认为，监督部门作为“扶持之手”，永远以社会总体利益出发寻求帕累托最优，所以会积极从各渠道支持企业进行环境管理，通过政治关联的人员传导这种价值导向，越来越多的企业便开始偏好于借由政治关联与政府建立联系，将更多精力投入环境管理中，一方面期望获得政府更多政策支持，另一方面希望产生一定的正向环境效应传达给政府部门，得到政府部门的好感和进一步的正反馈。部分学者从社会责任的角度看企业行为，也认为高管

的政治关联代表了一种正向资源，帮助政府部门执行扶持职能，如 Fan 等（2007）指出，有现任或历任政府官员担任 CEO 的企业往往承担更多的政治责任和社会责任，无论出于政府更大的压力，还是出于创造政治业绩来为个人带来升职的愿望，这些 CEO 都有对企业进行环境管理的意愿。

施蒂格勒提出的部门利益理论则认为，政府规制作为“掠夺之手”，代表了特殊利益集团寻租，也就是说环境角度的政治关联意味着一种腐败，如利用自己的实力加入有权力的环境组织或政府组织以降低环境法规评价标准，或利用地方保护主义甚至行贿手段与政府部门建立政治关联，或邀请政府官员和环保机构成员成为公司董事以逃避企业的环境责任，高管在企业和政府间的角色转换以及政府和企业的利益重叠会带来职能扭曲。另外，地方政府本身为了追求经济利益，会主动放松对企业的环境管制，双方一拍即合，通过政治关联各取所需，政府为企业制定了非常低的环境标准，企业则在这个最低标准内经营发展，极力压缩环境投资，长远来看，整个社会环境利益会逐渐恶化。Charles 等（2006）曾通过实证发现，企业的政治支出成本与环境绩效有强烈的反比关系，也就是说企业的政治关联策略使他们故意忽略环境责任、歪曲环境绩效，出现重大的道德失误。本章中的政治关联究竟是促进企业积极进行环境管理，还是给企业更多逃避环保的机会？笔者认为，我国处于经济转型时期，企业政治关联的动机更多的是逃避环境规制，代表了牟取不当得利的工具。根据以上分析提出假说 2：

H2：在其他条件不变的情况下，政治关联与环境绩效负相关。

我国企业近些年显示出越来越强的政治关联偏好，但政治关联像把“双刃剑”，既可能给企业带来某些直接或间接的利益，也可能降低企业内部管理效率和运营效率。正面来讲，有政治关联的企业更容易得到政府政策的扶持，如研究显示，银行更倾向于为国有企业提供贷款，民营企业为了获得融资优惠不得不建立政治联系；企业为摆脱政府的行业管制，通过聘请政府高官担任管理者，以突破行业管制壁垒；借由参选人大代表或政协委员，建立政治人脉，获得税收优惠、审批便利或财政补贴等好处。此时不应将政治关联视作腐败和贿赂，这是企业为实现成长所做的“妥协”，获得的好处也是实实在在的，这种好处可以进一步运用在环境管理方面，加强公司治理带来的环境绩效。反向来看，政治关联可能出现“权钱交易”的寻租行为，企业企图脱离法律轨道或打法律的“擦边球”，通过损害大多数人的利益以获取特殊服务；聘请政府高官的企业面临更多代理成本，如管理者没有足够的专业技能、将更多精力花在维护政治联系上、要求更高的薪资等都会降低内部治理的效率和水平；有效的公司治理依赖于公开的信息披露，信息不对称可能导致管理者为个人私利忽略企业长期利益，降低企业公司治理的能力，这又进一步弱化了公司治理为环境绩效创造的好处。我国国情特殊，政治关联究竟会加强公司治理水平和环境绩效的关系，还是弱化二者的关系？根据以上分析提出假说3：

H3：在其他条件不变的情况下，若公司治理水平与环境绩效的正向关系存在时，政治关联会削弱公司治理带来的环境绩效效率，二者的关系随着政治关联的提高而降低。

第三节　研究设计

一、样本与数据来源

本书根据国家环保总局《上市公司环境信息披露指南》（环办函〔2010〕78号）和《上市公司环保核查行业分类管理名录》（环办函〔2008〕373号）中认定的16个重污染行业，选取2009~2013年上海证券交易所的所有重污染行业A股上市公司为样本，按照下列标准进行了筛选：剔除数据不满连续五年的公司和数据不全的公司，剔除财务状况异常的ST、PT公司，最终得到258家公司，1290个有效样本，然后通过STATA12分析软件和SPSS分析软件进行实证统计分析。与第三章原因相同，由于上海证交所上市公司包括环境在内的社会责任信息

披露状况明显优于深圳证交所上市公司，且上交所于2008年单独发布了《上海证券交易所上市公司环境信息披露指引》，其上市公司社会责任报告中环境数据比深交所上市公司更为详细，所以本书仅考虑上海证券交易所重污染行业企业。

ISO14000数据来自中国国家认证认可监督管理委员会网站和上市公司年报；再融资环保核查数据通过国家环保部网站的上市公司环保核查部分手工收集；环境友好型企业数据主要来自上市公司年报；是否受到过环境处罚的数据来源于国家环境保护部官方网站和地方环境保护总局网站的环境执法信息公开部分，具体包括专项行动和行政处罚两项；是否出现过重大环境污染数据与第三章企业环境舆论监督数据同时手工收集，主要来源于中国经济新闻库，并利用新闻网络搜索引擎进行补充；其他数据来自CSMAR数据库和锐思金融研究数据库。

二、指数的构建和计量

（一）环境绩效的衡量

企业一旦有环境管理行为，就会有环境绩效，它是环境学研究的经典话题，也就是说，环境绩效这个概念实际上早于会计学中的环境信息披露，但是环境绩效属性极其特殊，既复杂又无形，难以量化，即便环境学领域也只能以案例研究为主，故环境会计实证研究早期并未将环境绩效作为切入点。自美国经济优先委员会为重污染企业基于十三个维度进行综合评分得出CEP指数（Wiseman，1982）、美国指定法要求企业定期填报《有毒物质排放清单》得出TRI指数（Freedman等，1990）以来，这两个指标作为环境绩效的替代变量才逐渐纳入会计研究的视野，环境绩效指标的引入，是对曾经狭隘的、只关注财务报表借贷关系的传统环境会计实证研究方法的突破，环境绩效真正为企业环境管理和经济效果构筑了探究的桥梁。我国虽然没有国外类似于CEP指数或TRI指数这种通用的数据源，但是随着国内环境保护力度的加大，逐渐有越来越多的指标用于衡量企业的某项环保水平。

Henri 等（2008）认为，环境法规、环保目标和政府奖励惩处是环境绩效指标最重要的三个维度，它们对环境绩效指标的量化有重要作用。基于 Henri 的观点，本书从以下五个方面构建环境绩效指数 EPI：企业是否通过 ISO14000、是否评选为环境友好企业、是否出现重大环境事故、是否通过环保核查、是否因环境问题受到过处罚，其中，ISO14000 和环境友好型企业代表环保目标维度，环境事故和环保核查代表环境法规维度，环保处罚代表政府惩处维度。下面对各个指标具体说明。

ISO14000 又称为系列标准环境管理体系，它是国际标准化组织为保护全球环境、促进世界经济可持续发展，针对全球工业企业等制定的一系列环境管理国际标准，共包含环境管理体系、环境行为评价、环境审核、环境监测、生命周期评定、环境标志以及产品标准中的环境指标六个子系列。Testa 等（2014）发现，意大利能源密集型企业对国际 ISO14001 标准反应敏感，企业二氧化碳排放量减少，短期和长期环境绩效都有明显提高。本书将通过 ISO14000 标准的企业赋值为 1，没有通过认证或认证已过期失效的企业赋值为 0，上市公司本身未通过但其控股企业通过的，也视为申请到认证，赋值为 1。

环境友好型企业是国家环保部根据 27 个指标评定的，分为环境指标和管理指标两大类，环境指标具体包括污染物排放、综合能耗、废物回收利用情况、环境管理体系等；管理指标主要包括清洁生产实施、环境影响评价执行、环保设施运转等，具体数据由企业统计和提供，当地环保行政主管部门审核，全面性和可信度较高，可以作为企业环境绩效良好的重要评定标准。该数据主要来源于公司年报和社会责任报告，评选为环境友好企业赋值为 1，否则为 0。

当企业发生类似紫金矿业 2010 年 7 月酮酸水严重渗漏环境事故时，代表其环境失调问题在内部已出现很长一段时间，随着时间的推移，环境问题不断累积，终于在某个节点爆发，产生无法逆转的负面巨大影响，也就是说，重大环境事故代表的环境问题深度最有参考性。换个角度来讲，评选为环境友好型企业、通过 ISO14000 或通过环保核查，起码有政治经营或政府政策倾斜的余地，出现严重事故体现的却是最真实的环境表现，负面信息的可信度更高，其代表的环境问题也更严重。所以，此处将出现过重大环境污染事故的企业赋值为 -2，未出现环境事故的企业虽没有证据表明其环境问题较差，但也不能认定其环境绩效好，也许仅是处于负面环境效应累积期，处于中立角度，故将未发生环境事故的企业赋值为0。

环保核查是环境保护行政主管部门对首次申请上市公司发行股票、申请再融资、资产重组或拟采取其他形式从资本市场融资的公司进行环境核查，包括对企业环境管理和守法行为、环境信息披露以及环境保护后续监管三方面。2008 年 1 月证监会发布《关于重污染行业生产经营公司 IPO 申请申报文件的通知》，2008 年 2 月环保总局发布《关于加强上市公司环境保护监督管理工作的指导意见》，要求对 13 类重污染行业的公司申请首发上市或再融资的，必须根据环保总局的规定进行环保核查，火电、钢铁、水泥和电解铝四个行业由中央核查，其他重污染行业由地方核查。地方环保部门靠上市公司寻租并不少见，无论是出于地方经济发展的考虑，还是当地法治水平的限制，都不可避免地出现地方保护主义，核查效果远小于国家环保部门。所以，在规定环保核查指数时，“中央核查”赋值为2，“地方核查”赋值为1；未申请环保核查的企业，既不能认为其环境状况差，也没有证据证明其环境状况好，处于中立角度，赋值为0；统计年度曾经申请但未通过环保核查申请的公司意味着面临较大的环境问题，赋值为 -1。

企业出现的环境问题程度不同，政府的处罚力度不同，如果仅是污染物暂时排放不达标、未通过环境影响评价、未在限期内整改或未按规定处理废弃物等不算严重的问题，政府给予的行政处罚并不严重；若出现严重的影响人民生命财产安全、造成巨大经济损失的环境事故，管理层要接受法律制裁，企业被迫停产整顿。在面对企业的环境问题时，负面惩处比正面奖励更有代表性和说明性，也更真实，所以在构建环境绩效指标时，负面效应赋值大于正面效应赋值，此处，对因环境违规而停产整顿的公司赋值为 -2；因环境违规受到投诉或罚款的公司赋值为 -1；没有受到过环境处罚的公司，虽不能说明其环境绩效差，但也没有理由证明其环境绩效好，同样处于中立角度，赋值为0。

本章研究样本是258家重污染上市公司，表4－1是环境绩效的指标选取和数量统计，其中133家通过了ISO14000标准，通过率较高，32家获得环境友好型企业称号。事实上，环境友好型企业的27个评定标准中，有一条要求企业已获得ISO14001环境管理体系认证，或参照ISO14001环境管理体系标准建立完善的环境管理体系，所以，环境友好型企业的参选是基于ISO14000标准并高于其标准的，收集数据的过程中也发现，很多评选为环境友好型的企业同时通过了ISO14000管理体系，这类企业的环境绩效好于只通过ISO14000标准的企业。2009~2013年，样本企业共涉及七起重大环境污染事故，分别是2009年中石油渭南支线柴油泄漏事故、2010年紫金矿业酮酸水严重渗漏事故、2011年江西铜业乐安河“三废”污水事件、2011年中海油蓬莱渤海湾漏油事故、2011年哈药总厂“污染门”事件、2013年中石化青岛输油管道破裂爆炸事故和2013年新安股份污染京杭大运河的“环保门”事件。样本企业中共有59家申请融资环保核查，其中火电、钢铁、水泥、电解铝行业企业共通过19家，其他行业通过33家，申请但未通过核查的七家企业分别是新疆天业、西部矿业、中煤能源、紫金矿业、中海油服、酒钢宏兴和安琪酵母。258家企业五年累计受到政府94次行政处罚，83次为投诉或罚款，11次为停业整顿，其中有的企业连续几次受到惩处，若上市企业控股子公司受到惩处，也可以代表其环境风险和环境管理水平较差，此处同样计入研究样本。另外，在收集数据的过程中发现，环保局网站上被挂牌督办的众多企业中，绝大部分并非样本公司，本书中样本的整体环境管理情况要高于平均水平。

接下来运用Janis－Fadner（J－F）系数来计算环境绩效。J－F系数最早用于内容分析法计算企业合法性，本书首次将J－F计算方法引入环境绩效指数中，具体EPI公式方法如下：

表 4-1 环境绩效指标选取和数量统计

<table>
<tr><th>代表维度</th><th>变量名称</th><th>变量赋值</th><th>数量统计</th></tr>
<tr><td rowspan="2">环保目标</td><td>ISO14000</td><td>通过 ISO14000 标准为1，不通过为0</td><td>133 家</td></tr>
<tr><td>环境友好型企业</td><td>评选为环境友好型企业赋值为1，否则为0</td><td>32 家</td></tr>
<tr><td rowspan="4">环境法规</td><td>重大环境事故</td><td>发生重大环境事故赋值为-2，未发生为0</td><td>7 起</td></tr>
<tr><td rowspan="3">环保核查</td><td>通过中央核查为2</td><td>19 家</td></tr>
<tr><td>通过地方核查为1</td><td>33 家</td></tr>
<tr><td>不通过为-1，未申请核查为0</td><td>7 家（-1）</td></tr>
<tr><td rowspan="2">政府惩处</td><td rowspan="2">环境处罚</td><td>受到投诉或罚款为-1</td><td>83 起</td></tr>
<tr><td>停业整顿为-2，其他为0</td><td>11 起（-2）</td></tr>
</table>

$$EPI = \begin{cases} \dfrac{p^2 - p \times |q|}{r^2}, & \text{if } p > |q| \\ 0, & \text{if } p = |q| \\ \dfrac{p \times |q| - q^2}{r^2}, & \text{if } p < |q| \\ r = p + |q| \end{cases}$$

其中，p 代表正面环境绩效总得分，q 代表负面环境绩效总得分。EPI 指数的取值范围从-1 到1，数值越接近于1，代表企业的环境绩效越好；数值越接近-1，代表企业的环境效果越差。

表4-2为样本公司2009~2013年环境绩效情况，样本企业的总体环境绩效水平在2009~2012年差距不大，2013年环保局处罚力度加大，五年共计94起环保惩处中，2013年占36次，导致2013年环境绩效平均得分低于其他年度。

表 4-2 环境绩效指数的年度描述性统计

年度	最大值	最小值	均值	标准差
2009	1	-1	0.52	0.519
2010	1	-1	0.50	0.542
2011	1	-1	0.52	0.522

续表

年度	最大值	最小值	均值	标准差
2012	1	-1	0.51	0.560
2013	1	-1	0.44	0.567

（二）解释变量的选择

公司治理和环境绩效的研究成果主要集中在内部治理特征层面，其中股权结构角度选取股权性质指标，董事会特征角度选取董事会规模、独立董事比例和两职分离三个指标，管理层薪酬角度选取前三位高管薪酬之和指标，具体说明如下：

股权性质用 State 表示。国有企业有实力也更有义务承担环境责任。

董事会规模用 Bsize 表示。Elsayed 等（2009）证实大规模董事会可以增加环境绩效。

独立董事比例用 Pctind 表示。Charl 等（2011）发现，董事会中独立董事人数一定程度上决定了上市公司受监督水平，对企业的环境监督性较高。

两职分离用 TDU 表示。总经理和董事长由不同人任职时，赋值为 1，两职合一时赋值为 0。与上一章相反，第三章中两职合一指数 Dual 是控制变量，本章为了统一与另外四个解释变量的预测方向，将两职性从不同人任职角度考察，数值越大，越代表正向公司治理水平。

高管薪酬用 MS 表示。Pascual 等（2009）认为，薪酬越高的管理人员，越有可能以长远的眼光看待问题，而不仅仅局限于短期利益。

政治关联用 PC 表示。过去或现在有在政府部门或军队工作经历的管理人员意指有政府背景，高管中具有政治背景的人数除以高管总数，代表企业政治关联水平。

（三）控制变量的选取

企业规模用 Size 表示。较大的公司倾向于进行更多环境管理，如吕峻等

（2011）发现，公司规模与环境绩效正相关。

资产负债率用 LEV 衡量。债务杠杆失衡的企业，没有更多实力和精力考虑环境问题。

盈利能力用总资产收益率代表，用 ROA 表示。盈利能力高代表了企业有较好的成长性，更有可能承担环境责任。

上市年限用 Year 表示。上市年限长的重污染型企业受到的环境监管时间长，与上市年限短的企业相比环境监管力度更大。

三、计量模型和变量说明

本章通过构建模型（1）来检验本章中提出的 H1 ~ H3：

$$EPI_{i,t} = \alpha_0 + \alpha_1 GOV_{i,t} + \alpha_2 PC_{i,t} + \alpha_3 GOV_{i,t} \times PC_{i,t} + \alpha_4 Size_{i,t} + \alpha_5 LEV_{i,t} + \alpha_6 ROA_{i,t} + \alpha_7 Year + \varepsilon_{i,t} \quad (1)$$

其中，EPI 用来反映企业环境绩效水平，GOV 统一代表股权性质、董事会规模、独立董事比例、两职分离、高管薪酬五个公司治理指标，根据文献总结选取企业规模 Size、资产负债率 LEV、盈利能力 ROA 和上市年限 Year 作为控制变量，表 4-3 是变量定义。

如果公司治理水平对环境绩效有显著促进作用，则 α_1 显著为正，支持假说 H1a ~ H1e；若 α_1 显著为负，表明公司治理会抑制企业进行环境管理，不支持假说 H1a ~ H1e。若模型中 α_2 显著为负，表明政治关联水平越高，企业环境绩效水平越低，支持假说 H2；若 α_2 显著为正，表明政治关联可以促进企业进行环境管理，不支持假说 H2。若模型中 α_1 显著为正时 α_3 显著为负，表明政治关联会弱化公司治理带来的环境绩效，支持假说 H3；若模型中 α_1 显著为正时 α_3 显著为正，表明公司治理水平越高，随着政治关联强度的增加，环境绩效水平会进一步提高，不支持假说 H3。

表4－3 变量定义

变量性质	名称	英文标识	说明
被解释变量	环境绩效	EPI	用J－F系数法处理正面和负面环境绩效总得分
解释变量	股权性质	State	国有控股为1，否则为0
	董事会规模	Bsize	董事会人数的自然对数
	独立董事比例	Pctind	独立董事人数/董事会总人数
	两职分离	TDU	两职分离赋值为1，两职合一赋值为0
	高管薪酬	MS	前三位高管薪酬之和的自然对数
	政治关联	PC	高管中具有政治背景人数/高管总数
控制变量	企业规模	Size	期末资产总额的自然对数
	资产负债率	LEV	负债总额/总资产
	总资产收益率	ROA	（利润总额＋财务费用）/平均资产
	上市年限	Year	截至t年公司上市年限

第四节 实证分析

一、描述性统计

表4－4是除上市年限Year变量之外的描述性统计结果。环境绩效EPI均值为0.500，中位数为1，说明大部分样本企业的环境绩效处于正向水平，即正面环境效应大于负面环境效应，最大值为1，最小值为－1，企业间环境绩效水平存在较大差距。政治关联指标PC中位数为0，均值为0.070，说明样本企业的政治关联度不算高，最大值与最小值差距为1，企业间政治关联水平差距较大。股权性质State均值为0.650，研究样本中有64.6%的企业实际控制人为国家，与

我国上市公司的整体情形大致相同。董事会规模 Bsize 最大值为 2. 890，最小值为1. 609，中位数（均值）为2. 303（2. 264），说明研究样本的董事会规模偏小。独立董事比例 Pctind 最大值（71. 423）与最小值（14. 285）相差57. 138，标准差为5. 294，数据波动性较大，从中位数（均值）为33. 333（36. 451）来看，部分企业有较高的独立董事比例，但总体独立董事比例较低，使独立董事难以发挥有效的监督和多样化水平。两职分离 TDU 平均值为0. 880，中位数为1，说明我国越来越多的企业实行董事长和总经理分离的制度。高管薪酬 MS 的中位数（均值）为1. 399（1. 398），最小值为1. 040，最大值为1. 718，标准差为0. 724，可见高管间薪酬差距较大。企业规模 Size 最大值为28. 482，最小值为19. 212，标准差为 1. 437，大于 1，说明样本规模差别较大。资产负债率 LEV 最大值（1. 027）与最小值（0. 029）相差0. 998，说明企业的偿债能力和债务融资比例存在较大差距，中位数（均值）为0. 517（0. 512），倾向于杠杆运营。总资产收益率 ROA 最大值为 0. 502，最小值为 －0. 483，中位数（均值）为 0. 057（0. 067），盈利能力不高，还有提高的空间。除 Pctind 和 Size 之外，其他变量的标准差都远小于1，数据整体波动性较小，离散程度较低，稳定性比较高。

表4－4　描述性统计结果

变量	最大值	最小值	中位数	均值	标准差
EPI	1	－1	1	0. 500	0. 542
PC	1	0	0	0. 070	0. 123
State	1	0	1	0. 650	0. 478
Bsize	2. 890	1. 609	2. 303	2. 264	0. 204
Pctind	71. 423	14. 285	33. 333	36. 451	5. 294
TDU	1	0	1	0. 880	0. 326
MS	1. 718	1. 040	1. 399	1. 398	0. 724
Size	28. 482	19. 212	22. 358	22. 514	1. 437
LEV	1. 027	0. 029	0. 517	0. 512	0. 186
ROA	0. 502	－0. 483	0. 057	0. 067	0. 064

二、相关性分析

表4-5是利用SPSS软件得出的Pearson相关性检验结果，可以看出，环境绩效水平与政治关联的相关系数为-0.499，显著负相关；与董事会规模的相关系数为0.052，显著正相关；与股权性质、两职分离和管理层薪酬正相关但不显著，与独立董事比例负相关但不显著，可能是受其他控制变量的影响，需要引入多元回归模型进行进一步分析。政治关联与股权性质和董事会规模等公司治理变量也在5%的水平上显著相关，接下来需要检测变量间可能存在的多重共线性问题，只有排除变量间的多重共线性，才能进行后面的多元回归分析，具体方法是将各变量分别代入模型，依次求得VIF值和Tolerance值，通过排序，将每个自变量的方差膨胀因子最大值和容忍度最小值摘录到表4-6，所有解释变量的最大VIF值都小于5，最小Tolerance值都远大于0.1，说明接下来的多元回归模型不存在多重共线性问题，可以进行进一步分析。

表4-5 变量间的Pearson相关系数

	EPI	PC	State	Bsize	Pctind	TDU	MS	Size	LEV
EPI	1								
PC	-0.499**	1							
State	0.017	0.123**	1						
Bsize	0.052**	0.073**	0.276**	1					
Pctind	-0.022	0.009	0.014	-0.234**	1				
TDU	0.051	-0.021	0.163**	-0.053	0.007	1			
MS	0.014	-0.086**	0.038	-0.132**	0.062*	-0.041	1		
Size	0.064*	-0.158**	0.266**	0.337**	0.018	0.118**	0.431**	1	
LEV	-0.010	-0.029	0.189**	0.194**	-0.058*	0.098**	-0.022	0.347**	1

注：样本N=1290，***、**、*分别表示在0.01、0.05、0.1水平上显著（2-tailed）。

表 4-6 解释变量在各模型中的最大 VIF 和最小 Tolerance 值

变量	VIF_{max}	$Tolerance_{min}$
PC	1.038	0.963
Bsize	1.287	0.777
TDU	1.047	0.955
Size	1.766	0.566
ROA	1.280	0.781
State	1.190	0.841
Pctind	1.091	0.917
MS	1.429	0.700
LEV	1.417	0.706

三、模型回归结果

表 4-7 是模型回归结果，可以看出，所有自变量全部放入模型中得出第一列 EPI（1）的结果，显然，政治关联 PC 与环境绩效水平 EPI 在 1% 的水平上显著负相关，与第二个假说一致；EPI 与股权性质 State、董事会规模 Bsize 和两职分离 TDU 显著正相关，这三个公司治理水平对企业的环境管理有积极效果；环境绩效水平与独立董事比例 Pctind 和管理层薪酬 MS 负相关且不显著，没有发现二者与环境绩效水平的有效关联。将 PC 单独放入回归模型中进行观察，得到 EPI（2）的结果，同样可以看出，环境绩效与政治关联显著负相关。资产收益率与环境绩效大部分结果显著正相关，可见盈利能力强的企业成长环境较好，有实力也有能力在环境管理中投入更多成本。下面分别描述 EPI（3）至 EPI（12）的情况。

表 4-7 模型回归结果

变量	EPI (1)	EPI (2)	EPI (3)	EPI (4)
PC	-2.236*** (-17.94)	-2.201*** (-16.57)		-1.831*** (-12.35)
State	0.0823*** (3.04)		0.0398** (2.28)	0.0316** (2.01)
State * PC				-0.874*** (-3.84)
Bsize	0.233*** (3.13)			
Pctind	-0.00384 (-1.57)			
TDU	0.0846** (2.13)			
MS	-0.0130 (-0.61)			
Size	0.0160 (1.22)	0.000785 (1.07)	0.0362*** (2.83)	0.00361 (1.12)
LEV	-0.0279 (-0.35)	-0.0582 (-0.74)	-0.120 (-1.30)	-0.0171 (-0.22)
ROA	0.320 (1.44)	0.381* (1.76)	0.583** (2.19)	0.402* (1.87)
Year	No	No	No	No
Constant	0.0819 (0.22)	0.686*** (2.74)	-0.226 (-0.81)	0.604** (2.43)
N	1290	1290	1290	1290
adj. R^2	0.391	0.249	0.196	0.263

t statistics in parentheses

* $p<0.10$, ** $p<0.05$, *** $p<0.01$

续表

变量	EPI（5）	EPI（6）	EPI（7）	EPI（8）
PC		-6.038*** (-4.73)		-3.252*** (-3.56)
Pctind			-0.00273 (-0.99)	-0.00376 (-1.25)
Pctind * PC				0.0287 (1.17)
Bsize	0.206*** (2.62)	0.148* (1.81)		
Bsize * PC		-1.654*** (-3.01)		
Size	0.0416*** (3.30)	0.00813 (1.01)	0.0338*** (2.68)	-0.0000469 (-0.00)
LEV	-0.105 (-1.14)	-0.0163 (-0.20)	-0.138 (-1.51)	-0.0666 (-0.84)
ROA	0.543** (2.05)	0.348 (1.61)	0.589** (2.22)	0.391* (1.80)
Year	No	No	No	No
Constant	-0.843** (-2.34)	0.143 (0.42)	-0.0905 (-0.31)	0.816*** (3.07)
N	1290	1290	1290	1290
adj. R^2	0.211	0.260	0.126	0.249

t statistics in parentheses

$* p<0.10$, $** p<0.05$, $*** p<0.01$

变量	EPI（9）	EPI（10）	EPI（11）	EPI（12）
PC		-2.640*** (-8.64)		-2.237 (-0.77)
TDU	0.0719*** (2.92)	0.0351* (1.91)		
TDU * PC		-0.479 (-1.44)		

续表

变量	EPI (9)	EPI (10)	EPI (11)	EPI (12)
MS			-0.00428 (-0.17)	-0.0155 (-0.65)
MS * PC				0.00252 (0.01)
Size	0.0316 ** (2.50)	0.00282 (1.02)	0.0343 ** (2.39)	-0.00366 (-0.32)
LEV	-0.138 (-1.51)	-0.0599 (-0.76)	-0.133 (-1.44)	-0.0645 (-0.80)
ROA	0.574 ** (2.16)	0.361 * (1.66)	0.566 ** (2.06)	0.337 (1.50)
Year	No	No	No	No
Constant	-0.203 (-0.73)	0.728 *** (2.84)	-0.147 (-0.44)	0.818 ** (2.47)
N	1290	1290	1290	1290
adj. R^2	0.227	0.250	0.145	0.248

t statistics in parentheses

* $p<0.10$, ** $p<0.05$, *** $p<0.01$

从EPI（3）和EPI（4）的结果可以看出，环境绩效与股权性质在5%的水平上显著正相关，国有企业一方面有政府的强大后盾，不必担心环境投入带来的巨大成本和竞争力的降低，另一方面面临政府给予其承担环境责任和社会责任的更大压力，环境管理更为积极，假说1中的股权性质维度得到验证。EPI（4）中，交叉项股权性质和政治关联的系数为-0.874，且在1%的水平上显著，说明随着政治关联水平的提高，股权性质带来的环境绩效好处被削弱，假说3中的股权性质维度通过检验。

从EPI（5）和EPI（6）的结果可以看出，董事会规模单独放入模型中时，与环境绩效在5%的水平上显著正相关，意味着大规模的董事会中可能存在环境

偏好型领导者，在制定企业战略时不会忽略环境因素，且董事人数的增加意味着更大的内部监督水平，假说1中的董事会规模维度得到验证。EPI（6）中，交叉项董事会规模和政治关联的相关系数为-1.654，t值为-3.01，在1%的水平上显著，可见，若董事会规模与环境绩效的正向关系存在时，政治关联会削弱董事会规模带来的环境绩效效率，二者的关系随着政治关联的提高而降低，假说3中的董事会规模维度通过验证。

从EPI（7）和EPI（8）的结果可以看出，将独立董事比例单独放入模型中时，其与环境绩效的相关系数符号为负，没有通过显著性检验，假说1中的独立董事维度被拒绝。另外，EPI（8）中，仅政治关联与环境绩效显著负相关，独立董事比例、独立董事比例和政治关联的交叉项系数均未通过检验，假说3中的独立董事比例维度被拒绝，可能是由于我国独立董事比例较低、执行力较弱，难以为环境绩效带来有力效果。

从EPI（9）和EPI（10）的结果可以看出，将两职分离度TDU单独放入模型时，两职分离与环境绩效的相关系数为0.0719，t值为2.92，显著正相关，董事长和总经理由不同人担任，可以积极促进企业环境水平，假说1中的两职分离维度通过检验。从EPI（10）可以看出，EPI与PC在1%的水平上显著负相关；EPI与TDU的相关系数为0.0351，t值为1.91，在10%的水平上显著；EPI与两职分离和政治关联的交叉项系数为-0.479，符号与假设一致，t值为-1.44，未通过显著性检验，说明政治关联可以在一定程度上削弱两职分离带来的环境效应，但该效果不明显。

从EPI（11）和EPI（12）的结果可以得出与独立董事比例类似的结论，高管薪酬单独放入模型中，没有通过显著性检验，同时与政治关联、政治关联的交叉项放入模型也没有通过显著性检验，H1和H3中的高管薪酬维度没有通过验证。

总的来说，H1中的股权性质、董事会规模和两职分离三个维度通过验证，H1中的独立董事比例和高管薪酬维度没有通过验证；H2中的环境绩效与政治关联显著负相关，通过验证；H3中的股权性质和董事会规模两个维度通过检验，两职分离维度未通过显著性检验，但符号与假设相同，独立董事比例和高管薪酬维度被拒绝。

四、稳健性检验

公司治理和政治关联对企业环境绩效的影响可能存在滞后效应，因此这部分通过替换关键变量和滞后反应检验两方面进行稳健性测试。首先，替换关键因变量，方法是将正面环境绩效总和与负面环境绩效总和加总，以替代利用 J－F 指数法计算出的 EPI 指数；其次，替换关键自变量 PC，不再用政治关联人数除以董事会总人数，而是将有政府或军队背景的企业视作有政治关联并赋值为 1，否则赋值为 0；最后，将后一年度的环境绩效与前一年度的公司治理水平和政治关联重新进行回归，以检验之前结果的可靠性。表 4－8 是稳健性检验的关键结果。

表 4－8　关键变量的稳健性检验结果

变量	EPI（1）	EPI（2）	EPI（3）	EPI（4）
PC	−0.898*** （−22.92）	−0.899*** （−23.03）	−0.878*** （−18.43）	−0.853*** （−16.62）
State	0.106** （2.50）		0.0839* （1.69）	
State * PC			−0.242* （−1.88）	
Bsize	0.133** （2.05）			0.131** （2.10）
Bsize * PC				−0.104** （−2.28）
Pctind	−0.00940 （−1.49）			

续表

变量	EPI (1)	EPI (2)	EPI (3)	EPI (4)
TDU	0.175*** (2.62)			
MS	-0.0457 (-1.30)			
Size	0.0140 (0.55)	0.00814 (0.36)	0.00100 (0.04)	0.00304 (0.13)
LEV	-0.0238 (-0.18)	-0.0348 (-0.26)	-0.0685 (-0.51)	-0.0572 (-0.43)
ROA	0.244 (0.81)	0.370 (1.27)	0.395 (1.35)	0.344 (1.18)
Year	No	No	No	No
Constant	1.147* (1.81)	1.044** (2.20)	0.930* (1.93)	0.625 (1.03)
N	1290	1290	1290	1290
adj. R^2	0.342	0.281	0.284	0.281

t statistics in parentheses

* $p<0.10$, ** $p<0.05$, *** $p<0.01$

变量	EPI (5)	EPI (6)	EPI (7)
PC	-0.867*** (-16.74)	-0.826*** (-16.24)	-0.847*** (-16.26)
Pctind	-0.00800 (-1.06)		
Pctind * PC	-0.00460 (-1.52)		
TDU		0.191*** (2.74)	
TDU * PC		-0.410*** (-3.23)	
MS			0.0564 (1.01)

续表

变量	EPI（5）	EPI（6）	EPI（7）
MS * PC			-0.0189 (-1.29)
Size	-0.00684 (-0.31)	0.00545 (0.22)	-0.0102 (-0.45)
LEV	-0.0163 (-0.12)	-0.0201 (-0.15)	-0.0197 (-0.15)
ROA	0.405 (1.38)	0.389 (1.34)	0.199 (0.68)
Year	No	No	No
Constant	1.318 *** (2.70)	0.927 * (1.94)	1.507 *** (2.83)
N	1290	1290	1290
adj. R^2	0.283	0.286	0.282

t statistics in parentheses

$* p<0.10$，$** p<0.05$，$*** p<0.01$

可以看出，模型中主要变量的显著性基本没有实质性变化，需要指出的是，原回归结果中政治关联和两职分离的交叉项系数虽然为负，但是不显著，显著性检验中，TDU * PC 的系数为 -0.410，t 值为 -3.23，在 1% 的水平上显著，说明政治关联会抑制两职分离带来的环境效果；股权性质、董事会规模和两职分离可以显著促进企业的环境绩效水平；政治关联与环境绩效负相关，并且随着政治关联水平的提高，公司治理对企业环境绩效的促进作用会不断减弱。本章模型的研究结果具有可靠性。

本章小结

环境条件可以直接改变公司行为，煤炭、金属、化工、医药等以自然资源为

基础的企业或带来严重环境污染的企业更是如此。随着近年来政府的环境规制力度越来越大，消费者和投资者开始对企业出现环境偏好，企业只有通过改变自己的行为才能适应这种环境影响。基于这样的目的，本章选取2009~2013年沪市A股重污染行业上市公司为研究对象，衡量了样本企业的环境绩效水平，探讨公司治理和政治关联是否对企业进行环境管理有促进作用，并着重分析了政治关联是否会抑制公司治理带给环境绩效的好处。通过研究，本章主要得到以下结论：

第一，在控制其他因素之后，政治关联水平越高，企业的环境绩效水平越低，可见政治关联代表一定程度的腐败和低效，回答了本章最开始提出的问题：政治关联究竟是促进企业进行环境管理，还是引诱企业逃避环保投资？越来越多的企业纳入有政府背景的管理者，或者积极参选人大代表，最真实的目的是希望在环境方面懈怠或逃避，以降低环境投入成本，政治背景可以帮助他们粉饰环境报告，出现环境问题时尽可能地掩盖或拖延，如紫金矿业的酮酸水严重渗漏事故在发生九天后才被披露、酒钢宏兴暂停环保核查的通知12天后才被公告，这一方面影响了正常的金融秩序和市场效率，另一方面造成的环境外部不经济性越来越严重。政治关联虽然能为企业带来各种显性或隐性利益，但从整个社会的环境福利来看，代表的是一种负面资源。

第二，企业的环境绩效需要通过内部治理才能取得效果，国有企业的环境绩效水平优于非国有企业。如果政府的导向是建立环境友好型社会，即便这个目标会影响企业的竞争力，国有企业也只能优先选择环境导向：一是政府会给实际控制人为国家的企业更大压力，强迫他们承担更多社会责任；二是如果政府将企业环境绩效与领导层前途挂钩，管理者更有动力实施环境管理，此时经济利益反倒会为环境效益让路；三是国有企业有更多异质性资源，更容易获得经济支持和政策扶持，有实力实施环境管理。

第三，董事会规模越大的企业，环境绩效水平越高。大规模的董事会意味着多元化的背景和知识结构，在做决策时有望考虑社会福利和环境友好型消费者；董事会的异质性代表了社会资源，企业获得外部投资或政府专项环境拨款的可能性增加；企业若有环境风险的苗头，小规模的董事会不易觉察，大规模的董事会则无论出于知识全面的原因，还是监督性增强的原因，都更易将环境风险扼杀在早期。

第四，董事长与总经理由同一人担任的企业，环境绩效水平更低。两职合一的企业，董事会内部系统可能失效，双重身份和一权独大，增加了信息不对称水平，无法有效监督总经理的行为，为董事长追求个人利益最大化提供了契机，此时管理层是绝对不会将自身利益为环境福利让路的。

第五，特别指出的是，没有发现独立董事比例与环境绩效存在显著性关系。虽然 Gautschi 等（1998）发现，独立董事人数决定了公司内部受监督水平，独立董事比例越大的企业环境表现越好，但是，我国的独立董事情形尴尬，企业偏好聘请名人做独立董事，这些人很多并非管理学的专家，对财务报表不甚了解，无法有效履行监督职责；另外，高管有动机向独立董事隐瞒真实的信息，不充分、不及时的数据无法暴露企业可靠的环境情况，这就失去了独立董事监督企业环境管理行为的基础。

第六，同样没有发现高管薪酬与环境绩效存在显著性关系。Pascual 等（2009）证实，CEO 薪酬和长期激励都可以给企业的环境绩效带来积极影响。然而，我国的高管薪酬极少与环境效益挂钩，甚至出现严重的环境事故都不会影响管理者收入，他们的薪酬更多的是基于企业业绩的契约安排，那么单纯依靠市场价值、忽略环境价值建立经营者的报酬激励机制存在很大的局限性，若将企业环境收益与管理层薪酬联系起来，偏重于经营者的长期环境激励，或者将企业环境声誉与管理者荣誉结合，便有可能刺激高层管理者实施积极的环境战略。

第七，股权性质、董事会规模和两职分离与环境绩效的正向关系存在时，政治关联会削弱这三个公司治理带来的环境绩效效果。政治关联使企业将更多的精力投入维护和建立政治通道上，如近年来民营企业领导者参选人大代表的风潮越来越热；聘用非专业人士担任企业高层，这些管理者没有专业管理能力，却因为特殊的政治背景享受高薪，增加了企业内部管理者间的不平衡感，更重要的是降低了公司治理的效率和水平，从而弱化内部治理带给环境绩效的正面成果。另

外，地方政府也可能与企业“狼狈为奸”，为单一的经济增长主动降低环境管制标准，给企业逃避环境投资的机会，进一步降低整个社会的环境福利。国家环保部于 2014 年 10 月决定，各级环保部门今后将不再开展上市公司环保核查工作，以减少行政干预，规避地方保护主义干扰和利益寻租的可能性，维持市场效率，这也从侧面证实了政治关联会在一定程度上降低市场运营的有效性。

第五章 环境绩效维度的环境信息披露动因研究

环境信息具有一定的经济后果，它为企业各利益相关者决策提供重要依据。政府将环境资源交付给企业，有权利了解企业对环境资源的损害或做出的贡献，掌控整个社会的环境福利；投资者出于资本安全性和收益性的考虑，会关注企业履行环境义务的状况，判断环境风险，同时衡量环境成本、环境负债在内的资产负债状况、盈利能力和偿债能力；企业的污染或环保行为反馈给社会公众，公众从中受益或受害，决定了他们对企业的认知，继而影响消费行为，污染严重的企业甚至因此失去生存的土壤。也就是说，国家和社会公众将自然资源委托给企业，要求企业约束自身行为，并向利益相关者提供有用信息，帮助他们进行正确的判断和决策（宋子义，2012）。然而，环境信息的披露问题并非仅靠市场这只“无形的手”解决，特别是我国处于社会主义初级阶段更是如此。环境信息披露水平的影响因素主要经历了三个发展阶段：第一阶段认为环境信息披露水平更多受社会大环境、企业生命周期等因素限制，强调主动承担社会责任的理念；第二阶段关注点集中在企业内部，即公司治理、投融资策略等对环境信息透明度的影响，该阶段仍然认为企业领导层会主动承担环境责任，家族性企业也会有不同的环境表现；第三阶段的理论和实证结果则颠覆了上面的看法，认为企业环境信息披露更多是一种被动表现，无论受制于政府压力，还是被迫满足公众要求。从该角度看，企业在防治污染、减少生态破坏、改善环境质量方面取得不同成绩之

后，在政府这只“有形的手”的管制和调节下，以及资本市场差异化的预期行为判断下，会出现不同的环境信息披露行为，而借助环境信息披露表达出的环境管理水平又会进一步影响外部利益相关者的后续反馈，所以，本章探讨企业不同的环境绩效水平有怎样的环境信息表达。

然而，环境绩效和环境信息披露相关性研究一直是环境会计实证领域一个悬而未决的问题，研究结果一直存在争议。自愿信息披露理论认为，企业存在环境溢价，公众对环保型企业有更高的认同感，愿意支付更高的价格购买产品；投资者认为，环境绩效好的企业环境风险低，更有实力；政府也愿意扶持勇于承担社会责任的企业。此时，企业希望通过环境信息披露与环境绩效差的竞争者显示出差异化，避免逆向选择的风险，获得环境溢价，故将环境信息披露看作真实的告白和郑重的申明。例如，Latridis（2013）认为，投资者将环境信息披露视作企业对环境管理的证明，这类企业意味着较好的公司治理水平、较大的产业规模、较强盈利能力和有力的资本市场竞争水平，其环境信息披露与环境绩效是正向促进的；He 等（2014）以环境敏感型企业为研究对象，发现环境绩效好的企业“硬”披露指标比例更大、环境信息披露质量更高。相反，社会政治理论认为，市场不再是“以业绩论英雄”的价值观，环境信息披露会受到很多来自社会和公众的压力，环境绩效差意味着公司环境形象差，政府会给这类企业施加更多压力，公众和舆论会从道德层面对其进行谴责，从而影响企业的销售业绩和融资水平，故企业倾向于披露更多环境信息以证明它在环保方面的努力，或者粉饰其环境管理的不作为，成为诡辩或狡辩的途径（Patten，2002；吕俊，2012）。两种截然相反的结论体现的本质如下：企业披露环境信息究竟是自我诡辩还是郑重申明？基于这样的认识，提出本书的第一个问题：我国重污染行业环境绩效对环境透明度究竟是促进还是抑制？

第四章的结论表明，环境角度的政治关联意味着腐败，高管在企业和政府间的角色转换以及政府和企业的利益重叠会带来职能扭曲，企业纳入有政府背景的管理者，从环境角度来看，是环境偷懒和逃避环保投入的手段，其政治关联的动机更多是规避环境规制，代表了牟取不当得利的工具。之所以在本章“不厌其烦”地第二次引入政治关联的研究，是因为政治关联对环境信息披露和环境绩效的表达本质不同，政治关联对环境绩效的影响实实在在体现在环境管理上，继而产生的环境效果无法伪装；而环境信息披露取决于披露者的主观意志，政治关联可以为企业修饰或造假环境信息提供途径，它对货币化和非货币化的环境信息会有不同的表达。因此，提出本书的第二个问题：政治关联对环境绩效有抑制作用，在环境信息披露角度是否相同？政治关联对两者的负向影响机理有何差异？

本章在回顾文献的基础上，首先进行了环境绩效与环境信息披露的相关性研究，其次探讨了政治关联对环境信息披露的影响，最后从政治关联角度综合考察其对环境绩效和环境信息披露相关性的影响。与以往的研究相比，本章的贡献主要体现在以下三个方面：一是利用 Janis - Fadner（J - F）系数法从五个维度计算环境绩效，补充和更新了这个争议话题的结论；二是首次将政治关联纳入环境信息披露视野，分析政治关联在环境绩效和环境信息披露的关系中所起的作用，拓展了环境信息披露的研究视角；三是将环境信息从货币性环境信息和非货币性环境信息两个维度进行分析，探讨环境绩效和政治关联对两种环境信息的不同影响力，以期为政府制定环境信息披露标准提供依据。

第一节 文献回顾

环境绩效和环境信息披露相关性研究是环境会计实证领域另一个悬而未决的议题，与环境绩效和企业价值类似，也分为正相关、负相关、U 型相关和不相关四种结论，造成这种区别的本质为：企业披露环境信息究竟是自我诡辩还是郑重申明。

最早进行该项研究的是 Wiseman（1982），他第一次提出利用 CEP 指数代表企业环境绩效水平，为以后的环境绩效实证研究提供了起点和思路，并通过实证发现环境绩效和环境信息披露之间的相互关系不明显。但是，30 多年前环境数

据获取面窄，随着数据来源的增多和计量方法的改善，渐渐出现了不同的研究结果。Hughes 等（2001）和 Patten（2002）的研究认为，环境绩效和环境信息披露之间显著相关，但环境绩效会阻碍环境信息的披露，环境绩效差的企业更有动力披露自身的环境信息，以缓解公众和各利益相关者的担忧。近期的研究以 Clarkson 等（2008）和 Al－Tuwaijri 等（2004）为代表，他们认为，环境绩效和环境信息披露之间是正向促进的，环境绩效越好的企业，越有动力将自己的这一竞争优势公布于众，公众随着对环境重视程度的加强，对充分披露环境信息的企业产生偏好，可以容忍其价格溢价，降低股权和债券未来预期利润率。可以看出，发达国家环境信息披露和环境绩效相互关系的研究结果是不断递进的，当然现在也没有一个确切的结果，彼此各有道理，但以上这些都是以发达国家的重污染行业企业为对象进行研究的。我国企业环境进展落后，Liu 等（2010）虽然以中国为研究对象得出环境绩效与环境信息披露负相关的结论，但其环境绩效由政府对企业评级得来，环境信息披露指的是政府所披露的企业环境绩效，与常规意义上的主动披露并不相同。我国仅有吕峻（2012）、陈璇（2012）和沈洪涛（2014）等几位学者探讨过该领域。表 5－1 分别统计了环境绩效与环境信息披露负相关、不相关、正相关和 U 型相关的文献。

表 5－1　环境绩效与环境信息披露相关性文献统计

二者负相关文献	
作者及年代	主要研究内容
Rockness（1985）	以 CEP 指数代表环境绩效，通过实证分析得出环境绩效与环境信息披露负相关的结果，作者认为，利益相关者对企业承担的环境责任并不在意，所以不存在“环境溢价”，那么环境绩效好的企业懒得向外界公布环保情形，以区别于环境绩效差的企业
Bewley 等（2000）	以加拿大 188 家上市公司为研究对象，使用 CEP 指数代表环境绩效，通过年报获取环境信息披露数据，结果发现，污染越重的企业披露的环境信息更多
Hughes 等（2001）	将环境绩效按照 CEP 指数得分分为较优、中等和较差三个等级，结果发现，环境绩效较优等级和中间等级的企业环境信息披露水平一般，反倒环境绩效差的企业披露更多的环境信息

续表

二者负相关文献	
作者及年代	主要研究内容
Patten（2002）	环境绩效不好的公司环境形象较差，社会有理由认为其在环境保护和治理方面努力不足，舆论压力、政府压力和公众压力都迫使这样的企业披露更多环境信息，以此来证明它在环保方面所做的努力，并为企业自身的存在寻找合法性；相反，环境绩效好的企业受到的利益相关者压力较小，反倒没有太大动力披露环境信息，所以环境绩效与环境信息披露之间负相关
Brian 等（2010）	外部市场对企业环境绩效的正向反应是有选择的，有时这种选择甚至是反向的
Chapple 等（2011）	以澳大利亚 51 家重污染行业上市公司为研究对象，发现环境绩效差的公司披露的环境信息更多，环境绩效好的公司没有动力披露太多环境信息，这与 Clarkson 等（2011）对澳大利亚的研究结果是一致的，与 Clarkson 等（2008）以美国为研究对象的结果相反
Clarkson 等（2011）	利用澳大利亚 51 家企业 2002 ~ 2006 年污染排放数据，构建了 GRI 指数代表环境信息披露水平，VPN 指数代表环境绩效水平，结果发现，环境绩效越差的企业披露的环境信息越多，与他自己 2008 年发表的以美国为研究对象的实证结果相反，说明澳大利亚外界对污染型企业施加了较大压力，使敏感型企业披露更多环境信息以寻求社会合法性
Cho 等（2013）	环境会计不应再狭隘地局限于财务报告中的借贷关系，自愿进行环境信息披露的企业提高环境绩效的激励越低，这也将是未来主流环境会计的研究方向
吕峻（2012）	以是否因超量排放受到处罚代表公司的环境绩效作为自变量，以环境信息披露水平作为因变量，结果发现，环境绩效与环境信息披露之间呈显著的负相关关系。另外，资产规模和环境信息披露正相关，财务绩效、注册地和所有权性质对环境信息披露没有显著影响
二者不相关文献	
Fekrat 等（1998）	使用打分法为 18 个国家六个行业中的 168 个公司构造了环境信息披露指数，分析了环境信息披露水平和环境绩效之间的相关关系，结果显示，二者之间的相关性不强
Freedman 等（1990）	用 FORMS 10 - K（美国年度报表的一种形式）中出现的环境信息来构造环境信息披露指数，CEP 代表环境绩效指标，同样未发现二者显著相关

续表

二者正相关文献	
作者及年代	主要研究内容
Ullmann 等（1985）	最早提出具有代表性的理论，即环境绩效差的企业认为负面环境信息会给自身带来不利影响，在自愿信息披露的背景下，企业会尽量隐瞒不好的环境信息以防止后续不良影响；相反，环境绩效好的企业在环境方面投入了不少精力以保护环境、防治污染，它有动力让公众知道自身在环境方面所做的努力，而且默认公众知道它在环境保护方面的"正能量"对自身业绩会带来积极作用，这样的企业会通过披露更多的环境信息向外界传递自己承担的环境责任，所以环境绩效可以显著提升环境信息透明度
Al – Tuwaijri 等（2004）	用内容分析法量化环境信息透明度水平，以废物的循环利用比代表环境绩效，发现环境绩效对环境信息披露质量有显著的正向影响
Clarkson 等（2008）	证实美国公司的环境绩效与环境信息披露正相关，好的环境绩效会给企业带来溢价，促使企业披露更多环境信息，而 Clarkson 等（2011）和 Chapple 等（2011）以澳大利亚为样本的研究结论与此相反
Liu 等（2010）	发现政府每年公布了企业的环境绩效评级以后，环境评级较高的企业在来年的环境评级中进步不明显，环境评级较差的企业在来年的环境绩效评级中会有明显改善
Latridis（2013）	发现马来西亚新兴市场的投资者将环境信息披露视作企业对环境管理水平的证明，这类企业意味着较好的公司治理水平、较大的产业规模、较强盈利能力和有力的资本市场竞争水平，其环境信息披露与环境绩效是正向促进的，其中，环境信息披露质量高的企业主要涉及化工、食品、林业、造纸、饮料、金属和采矿行业
He 等（2014）	以环境敏感型企业为研究对象，发现环境绩效好的企业的"硬"披露指标比例更大，环境信息披露质量更高，而且发达国家总体披露水平高于发展中国家
Albertini（2014）	通过对法国 55 家最大的工业型企业的研究发现，过去的 15 年里，环境绩效水平随着技术创新和能源使用效率的提高有显著增加，环境信息披露精确度也有所增加，然而经济状况对二者有显著影响
陈璇等（2013）	以 2008 ~2009 年 300 家重污染行业沪市 A 股上市公司为研究对象，分析了环境绩效对环境信息披露的相关影响，结果发现，环境绩效越好的企业环境信息披露质量越高，但是西部地区高新技术企业的这种正相关关系不及传统企业明显

续表

二者U型相关文献	
作者及年代	主要研究内容
Dawkins 等（2011）	环境责任经济联盟（CERES）以推进环境治理为基本准则，成员国主要来自美国各大投资团体和环境组织，其发起的气候披露项目以标准普尔（S&P）权威金融分析机构提供的满足S&P500 标准的企业为研究对象，分析发现，这些企业的环境绩效和环境信息披露之间存在U型关系（见图5－1）。这份文献的结果非常新颖，既支持自愿信息披露理论的正相关假设，又支持社会政治理论的负相关假设，为同类型研究提供了新的依据和思路。究其原因，环境绩效差的企业受到利益相关者多方面的压力，特别是政府、公众和债权人的压力，为寻求存在合法性，让外界看到自身在环境管理中做出的努力，倾向于披露更多环境信息，即U型曲线左边下滑部分；环境绩效好的企业本身处于有利地位，也会倾向于披露更多环境信息以彰显自己在环境治理方面的努力和取得的成就，即U型曲线右边上扬部分；而环境绩效水平“高不成低不就”的企业达到了利益相关者的最低要求，他们既不用承受强大的政治和公众压力，也缺少改善利益相关者的期望，是最没有动力披露环境信息的群体，即U型曲线的拐点 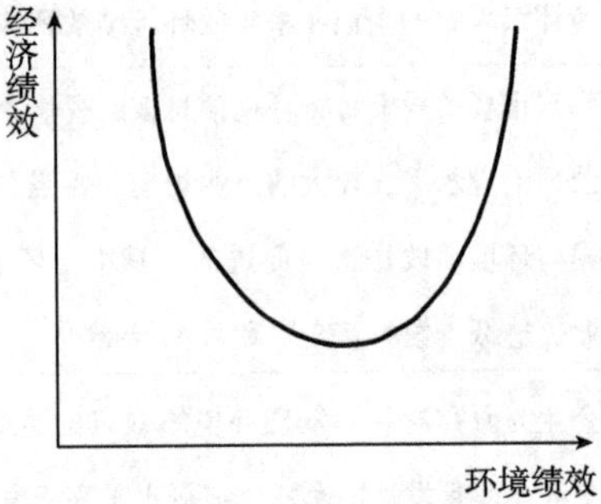 经济绩效 环境绩效 **图5－1　U型曲线观点**
Ling 等（2013）	以化工企业为样本，研究了品牌投资偏好和研发投资偏好的企业在环境信息披露方面的不同表现，结果发现，无论实施品牌投资偏好策略还是研发投资偏好策略的企业，其环境信息披露水平都高于不实施任何投资偏好的企业。然而，注重品牌形象的企业即便真实的环境绩效较低，但环境信息披露水平仍然很高；注重研发投资的企业环境绩效较高时，环境信息披露水平也较高。该结论也支持U型曲线

续表

二者U型相关文献	
作者及年代	主要研究内容
沈洪涛等（2014）	环境绩效和环境信息披露呈U型关系，即环境绩效较好和较差的企业都倾向于披露更多环境信息，但是环境绩效好的企业披露的环境信息质量更高，环境绩效较差的企业披露的环境信息更倾向于以数量“取胜”。本研究同时证实了自愿信息披露理论的正相关关系和社会政治理论支持的负相关关系，是我国该议题的重要突破

第二节 研究假说

社会和企业对环境的认知是逐渐扩展的，随着时代的发展和环境重要性的不断强化，环境信息披露与环境绩效的相关性也会发生变化，下面举几个二者从不相关到负相关再到正相关的例子。Fekrat 等（1998）根据 18 个国家 168 个企业的分析未找到二者的显著相关性；Chapple 等（2011）发现，澳大利亚重污染行业环境绩效好的企业没有动力披露环境信息，二者负相关；Cho 等（2013）从理论角度认为，自愿进行环境信息披露的企业，提高环境绩效的激励越低，二者仍是负相关关系；Latridis（2013）发现，马来西亚新兴市场的投资者将环境信息披露视作企业环境管理水平的证明，这类企业的环境绩效与环境信息披露是正向促进的；He 等（2014）通过实证分析得出与 Latridis 相同的结论，环境绩效好的敏感型企业的“硬”披露指标更高，发达国家无论是环境绩效还是环境信息披露水平，都要高于发展中国家。指标构建、研究方法和样本差异是造成这些差异化结论的一部分原因，然而最根本还是由于社会是动态发展的，环境表达的含义在不断强化。我国近年来的环境执法力度不断加强，如康菲石油公司 2011 年渤海湾漏油事件被要求 10 亿元具体赔偿金额，是政府对企业恶劣环境行为给予强力经济制裁的代表；新安股份于2013年涉嫌严重环境污染问题，多家生产草甘膦的上市公司中层被抓，这是管理层首次由于环境污染而被法律制裁；2013年广东鹤山民众以“要孩子，不要核子”为号召，逼停了370亿元的鹤山核燃料项目。近年来，由环境维权引起的群体事件与日俱增，代表了环境民意的崛起和社会公众的巨大影响力。基于这样的背景，笔者认为本章的假设应从自愿信息披露理论出发，重污染企业已经纳入越来越严格的环保社会监督机制中，积极进行环境管理的企业，通过充分的环境信息披露，将自己与环境绩效差的企业区分开来，在得到社会认同和存在合法性的同时，能够获得政府政策的支持、投资者和消费者的好感，赚取环境溢价；相反，环境绩效很差的企业，充满各种可感知的和不可感知的环境风险，除会受到政府的严厉惩罚甚至陷入诉讼危机外，公众对这类企业充满反感，投资者出于对企业可能的环境事故和环境风险的担忧，也会提高期望回报，此时，企业若披露虚假的环境信息将引起严重后果，因此更倾向于掩盖环境信息，而不是诡辩或狡辩，所以我们将企业的环境信息披露看作郑重的申明。根据以上分析，提出下面的假说1：

H1：在其他条件不变的情况下，企业环境绩效越好，货币性环境信息和非货币性环境信息的披露水平越好。

政治关联可以从两方面影响企业的环境透明度水平。其一，政治关联会使企业出现寻租行为，积极聘请政府高官或参选人大代表的企业，妄图通过有力的政府背景，逃避环保投资和环境监管，粉饰环境报告，出现环境问题时尽可能地掩盖或拖延真相，面对迫不得已的惩罚，竭力减少赔款和罚款额度，这类企业将政治关联视作规避环境管制的途径，没有积极披露环境信息的动力；其二，政治关联会使政府为经济利益主动降低环境管制标准，高管在企业政府间的角色转换和利益重叠，成为这种政府职能扭曲的最佳载体，事实上，企业大多有逃避环境投入的动机，若政府主动放松环境约束，将带来“一呼百应”的恶劣后果，没有政治关联的企业也会趁机放松环境管理，所有企业都不再有动机披露环境信息，这种情况对社会福利的损害远远大于第一种情况。根据以上分析，提出假说2：

H2：在其他条件不变的情况下，政治关联与环境信息披露呈负相关关系。

积极进行环境管理的企业，本应通过充分的环境信息披露向外界表达自身在环保和社会责任方面做出的努力，以获取政府支持和环境溢价，然而政治关联行为会使企业将更多精力花在聘请政府高官、支付高额薪酬、维护政治联系等方面，这些管理者除缺乏专业的环境知识外，还可能为个人利益忽略长期利益，减少环境管理的投入，而且政治关联本身能带来更多政策优惠和资金支持，这些都进一步弱化了企业可披露的环境信息透明度；同样，那些对环境管理持消极态度的企业，只会将功夫花在降低政府环境管制标准方面，或者企图脱离法律和法规的轨道，逃避和拖延环境规制，他们的想法是出现环境事故和环保问题有“大人物兜着”，既没有提高环境绩效的积极性，也没有披露环境信息的主动性，与第四章的分析类似，政治关联在这里代表的是低效和腐败，是企业企图走“捷径”或“钻空子”的手段。

然而，货币性环境信息和非货币性环境信息有很大差别，货币化的环境信息本质上是财务性环境信息，与传统意义上财务信息的内涵和计量方法相同，相对来说数据不易操控；非货币化的环境信息则有很多种表达方式，可能是文字注释、指标说明，也可能是图表或百分数等形式，这些偏环境的专业数据，给大部分信息使用者带来理解上的障碍，也更容易被企业操控。也就是说，环境绩效是客观存在的，企业基本无法篡改或造假；与非财务性环境信息相比，财务性环境信息相对客观，非货币性环境信息容易被无实质性的信息“凑数”甚至作伪，这也是本书在第四章分析了政治关联对环境绩效的影响之后，仍然“乐此不疲”地分析政治关联对环境信息披露影响的原因。因此，政治关联抑制环境绩效对环境信息披露的正向作用时，企业倾向于回避那些货币化的、难以模仿和造假的环境数据，对于那些易于效仿和充数的非货币化环境数据持无所谓的态度，也就是说，政治关联的企业若操控环境数据，对货币性环境信息的操控力度更大。据此我们提出假说 3：

H3：在其他条件不变的情况下，环境绩效与货币性环境信息和非货币性环境信息的正向关系会随着政治关联水平的提高而降低，且政治关联对货币性环境信息披露的影响大于对非货币性环境信息披露的影响。

第三节 研究设计

一、样本与数据来源

本书选取 2009~2013 年上海证券交易所的所有重污染行业 A 股上市公司作为样本，按照下列标准进行了筛选：剔除数据不满连续五年的公司和数据不全的公司。剔除财务状况异常的 ST、PT 公司，最终得到 258 家公司，1290 个有效样本，然后通过 STATA12 分析软件和 SPSS 分析软件进行实证统计分析。与前两章原因相同，上海证交所上市公司包括环境在内的社会责任信息披露状况明显优于深圳证交所上市公司，且上交所于 2008 年单独发布了《上海证券交易所上市公司环境信息披露指引》，其上市公司社会责任报告中的环境数据比深圳证交所上市公司更为详细，所以本书仅考虑上海证券交易所重污染行业企业。

环境信息披露数据通过年报、社会责任报告、上市公司制度、其他重大事项、环境报告、可持续发展报告、国家和地方环保局网站手工收集；环境绩效数据通过国家环保部网站、地方环保局网站、国家认证认可监督管理委员会网站、中国经济新闻库、上市公司年报等手工收集；其他数据主要来自巨潮资讯网、上海证券交易所官方网站、CSMAR 数据库和锐思金融研究数据库。

二、指数的构建和计量

（一）环境信息披露的衡量

为便于研究，本书选择财务维度分类环境信息。能够用货币量化、在财务报表内作为正式项目反映的与环境有关的会计信息，如单独反映环境资产或环境负债的信息，是财务性环境信息；无法用货币量化、无法在财务报表内作为正式项目反映、属于定性或者可以实物或技术指标量化的环境信息，如污染物排放量或工业用水重复利用率等，划为非财务性环境信息（宋子义，2012）。货币化环境信息和非货币化环境信息的指标各有 9 个，基于定量数据比定性数据可靠的考虑，量性结合的指标赋值为 2 分，仅定性的指标赋值为 1 分，没有披露的指标赋值为 0，总体最优得分为 36 分，货币化环境信息和非货币化环境信息的最优披露质量总分均为 18 分。为避免人为主观性，为各项目赋予相同权重，根据实际环境信息披露总和除以最优环境信息披露总和得出环境信息披露指数 EDI，实际货币性环境信息披露总和除以最优货币性环境信息披露总和得出货币化环境信息披露指数 EDIF，通过实际非货币性环境信息披露总和除以最优非货币性环境信息披露总和得出非货币化环境信息披露指数 EDINF，数值越高，代表对应的环境信息披露质量越高。另外，不同人对已有的环境信息进行赋值的主观性不同，会导致不同文献最后环境信息披露指数存在差异，所以环境信息数据收集必须由一人独立完成，同一数据集的绝对值具有可比性，不同数据集的绝对值没有可比性，只有趋势的可比性。本书和其他文献最终的环境信息披露指数虽存在差异，但是环境信息透明度的发展路径是统一的。表 5－2 是环境信息各维度指标历年的平均值。

表 5－2　环境信息分维度指标年度均值

分类	指标	2009 年	2010 年	2011 年	2012 年	2013 年
货币化环境信息	绿化费	0.0129	0.0154	0.0176	0.0190	0.0208
	排污费	0.0118	0.0170	0.0192	0.0212	0.0234
	环境应急费	0.0014	0.0017	0.0015	0.0018	0.0024
	环境相关赔款或罚款	0.0040	0.0046	0.0061	0.0069	0.0070
	环保投资	0.0299	0.0309	0.0314	0.0318	0.0320
	环保奖励	0.0057	0.0082	0.0080	0.0089	0.0098
	降低污染的收益	0.0083	0.0098	0.0123	0.0153	0.0186

续表

分类	指标	2009 年	2010 年	2011 年	2012 年	2013 年
货币化环境信息	废物利用收入	0.0110	0.0123	0.0150	0.0178	0.0207
	政府环保补助等	0.0197	0.0197	0.0208	0.0230	0.0228
非货币化环境信息	环境目标	0.0170	0.0186	0.0200	0.0224	0.0257
	环境信息披露制度	0.0119	0.0144	0.0174	0.0201	0.0239
	环保措施和改善情况	0.0174	0.0193	0.0212	0.0237	0.0267
	认证情况	0.0078	0.0098	0.0134	0.0168	0.0200
	消耗的资源	0.0128	0.0159	0.0192	0.0224	0.0255
	产生的污染物	0.0127	0.0157	0.0188	0.0222	0.0248
	污染物排放是否达标	0.0157	0.0187	0.0216	0.0237	0.0264
	社会责任或持续发展报告	0.0138	0.0145	0.0152	0.0161	0.0168
	独立的环境报告	0.0000	0.0001	0.0006	0.0011	0.0011
环境信息披露指数 EDI		0.2139	0.2467	0.2795	0.3141	0.3486

2009～2013 年，环境信息披露指数 EDI 的历年均值由 0.2139 增加到 0.3486，信息透明度逐年增加，其中货币性环境信息指数 EDIF 由 0.209 提高到 0.315，非货币性环境信息指数 EDINF 由 0.218 提高到 0.382，上升幅度（0.164）大于货币性环境信息（0.106），表明财务性环境信息受数据来源的限制，披露程度增速较慢，非财务性环境信息由于表达方式的多样化，披露程度增加较快。货币化环境信息中，环保投资、排污费、政府环保补助、废物利用收入的数据较多，环境相关赔款或罚款、环境应急费的数据最少；非货币化环境信息中，几项指标的贡献率差不多。特别指出，单独的环境报告能更全面地反映企业的环境管理状况，使信息使用者直接、完整地了解企业环境情形，避免了信息缺漏和隐瞒，其质量最高。表 5－2 中独立的环境报告贡献指数从 2009 年的 0.0000 增加到 2013 年的 0.0011（8 份），为国家环保部督促上市公司按照《企业环境报告书编制导则》（HJ617—2011）定期发布标准化环境信息提供了极有价值的参考。其他环境信息披露情况在第三章中有详细说明，这里不再赘述。

（二）环境绩效的衡量

基于 Henri 2008 年的观点，从环保目标、环保法规和政府惩处三个维度，选取企业是否通过 ISO14000、是否评选为环境友好企业、是否出现重大环境事故、是否通过环保核查、是否因环境问题受到处罚五个指标来构建环境绩效指数，通过 ISO14000 或环境友好型企业赋值为 1，通过中央核查赋值为 2，通过地方核查赋值为 1，未通过环保核查赋值为 -1，受到投诉或罚款赋值为 -1，发生重大环境事故或被迫停业整顿赋值为 -2，其他情况出于中立角度赋值为 0。各企业得到正面环境绩效总得分和负面环境绩效总得分后，运用 Janis - Fadner 系数法分段计算环境绩效 EPI，其取值范围从 -1 到 1，数值越接近于 1 代表企业的环境绩效越好；数值越接近 -1 代表企业的环境效果越差。环境绩效情况在第四章有详细说明，这里不再重复描述。

（三）其他指标的选取

政治关联用 PC 表示。过去或现在有在政府部门或军队工作经历的管理人员意指有政府背景，高管中具有政治背景的人数除以高管总数，代表企业政治关联水平。

股权性质用 State 表示。国有企业有实力也更有责任承担环境责任。

董事会规模用 Bsize 表示。大规模董事会可以增加环境监督性。

两职分离用 TDU 表示。两职分离减少了企业发布虚假环境信息的可能性。

企业规模用 Size 表示。较大的公司倾向于披露更多环境信息。

资产负债率用 LEV 衡量。债务杠杆失衡的企业，没有更多实力和精力考虑环境问题。

盈利能力用总资产收益率代表，用 ROA 表示。盈利能力高代表了企业有较好的成长性，更有可能承担环境责任。

上市年限用 Year 表示。上市年限长的重污染型企业受到的环境监管时间长，与上市年限短的企业相比环境监管力度更大。

三、计量模型和变量说明

本章通过构建模型（1）来检验本章中提出的 H1～H3，分析环境绩效和政治关联对企业环境信息披露水平的影响，变量 EDI、EDIF、EDINF 分别代表企业各种环境信息披露水平，变量 EPI 反映环境绩效，PC 代表政治关联指标。若 α_1 显著为正，表明环境绩效水平越高，企业披露的环境信息质量越高，支持假说 H1；若模型中 α_1 显著为负，表明企业环境绩效水平与环境信息披露水平负相关，不支持假说 H1。若模型中 α_2 显著为负，表明政治关联水平越高，企业环境信息水平越低，支持假说 H2；若 α_2 显著为正，表明政治关联可以促进企业环境透明度，不支持假说 H2。若模型中 α_1 显著为正时 α_3 显著为负，表明政治关联会弱化环境绩效和环境信息披露的关系，支持假说 H3；若模型中 α_1 显著为正时 α_3 显著为正，表明环境绩效水平越高，随政治关联强度的增加，环境信息披露水平会进一步提高，不支持假说 H3。

$$\left.\begin{array}{l} EDI_{i,t} \\ or \\ EDIF_{i,t} \\ or \\ EDINF_{i,t} \end{array}\right\} = \begin{array}{c} \alpha_0 + \alpha_1 EPI_{i,t} + \alpha_2 PC_{i,t} + \alpha_3 EPI_{i,t} \times PC_{i,t} + \alpha_4 State_{i,t} + \alpha_5 Bsize_{i,t} + \\ \alpha_6 TDU_{i,t} + \alpha_7 Size_{i,t} + \alpha_8 LEV_{i,t} + \alpha_9 ROA_{i,t} + \alpha_{10} Year + \varepsilon_{i,t} \end{array} \tag{1}$$

根据文献总结和第三章的研究结论，选取股权性质 State、董事会规模 Bsize、两职分离 TDU、企业规模 Size、资产负债率 LEV、盈利能力 ROA 和上市年限 Year 作为控制变量，表 5－3 是变量定义。

表 5 -3　变量定义

变量性质	变量名称	符号	计算公式
被解释变量	环境信息披露指数	EDI	实际环境信息披露总和/最优环境信息披露总和
	货币性环境信息披露指数	EDIF	实际财务性环境信息披露总和/最优财务性环境信息披露总和
	非货币性环境信息披露指数	EDINF	实际非财务性环境信息披露总和/最优非财务性环境信息披露总和
解释变量	环境绩效	EPI	用 J - F 系数法处理正面和负面环境绩效总得分
	政治关联	PC	高管中具有政治背景人数/高管总数
控制变量	股权性质	State	国有控股为 1，否则为 0
	董事会规模	Bsize	董事会人数的自然对数
	两职分离	TDU	两职分离赋值为 1，两职合一赋值为 0
	企业规模	Size	期末资产总额的自然对数
	资产负债率	LEV	负债总额/总资产
	总资产收益率	ROA	（利润总额 + 财务费用）/平均资产
	上市年限	Year	截至 t 年的公司上市年限

第四节　实证分析

一、描述性统计

各变量的描述性统计结果如表 5 -4 所示。

表 5-4 描述性统计结果

变量	最大值	最小值	中位数	均值	标准差
EDI	0.944	0.055	0.260	0.281	0.197
EDIF	1	0	0.259	0.263	0.194
EDINF	1	0	0.259	0.297	0.241
EPI	1	-1	1	0.500	0.542
PC	1	0	0	0.070	0.123
State	1	0	1	0.650	0.478
Bsize	2.890	1.609	2.303	2.264	0.204
TDU	1	0	1	0.880	0.326
Size	28.482	19.212	22.358	22.514	1.437
LEV	1.027	0.029	0.517	0.512	0.186
ROA	0.502	-0.483	0.057	0.067	0.064

由表5-4可以看出，环境信息披露水平EDI的中位数（均值）为0.260（0.281），最大值（0.944）与最小值（0.055）相差0.889，重污染企业环境信息披露水平一般，企业间环境信息透明度存在较大差异；货币性环境信息披露水平EDIF的中位数（均值）为0.259（0.263），略低于EDI的0.260（0.281），说明环境信息中的财务性信息水平略低于环境信息总体水平，最大值与最小值相差为1，企业间货币性环境信息差异巨大；非货币性环境信息EDINF的均值为0.297，高于EDI的均值0.281，说明环境信息中的非财务信息水平高于环境信息总体水平和财务性环境信息水平，最大值与最小值相差为1，企业间货币性环境信息差异巨大；环境绩效EPI均值为0.500，中位数为1，表明大部分样本企业的环境绩效处于正向水平，即正面环境效应大于负面环境效应，最大值为1，最小值为-1，企业间环境绩效水平存在较大差距；政治关联指标PC中位数为0，均值为0.070，说明样本企业的政治关联度不算高，最大值与最小值差距为1，企业间政治关联度水平差距较大；股权性质State均值为0.650，研究样本中有64.6%的企业实际控制人为国家，与我国上市公司的整体情形大致相同；董事会规模Bsize最大值为2.890，最小值为1.609，中位数（均值）为2.303

(2.264)，说明研究样本的董事会规模偏小；两职分离 TDU 的平均值为 0.880，中位数为 1，说明我国越来越多的企业实行董事长和总经理分离制度；企业规模 Size 最大值为 28.482，最小值为 19.212，标准差为 1.437，大于 1，说明样本规模差别较大；资产负债率 LEV 最大值（1.027）与最小值（0.029）相差 0.998，企业的偿债能力和债务融资比例存在较大差距，中位数（均值）为 0.517（0.512），倾向于杠杆运营；总资产收益率 ROA 最大值为 0.502，最小值为 -0.483，中位数（均值）为 0.057（0.067），盈利能力不高，还有提高的空间。除企业规模之外，其他变量的标准差都远小于 1，数据离散程度较低，稳定性较好。

二、相关性分析

本书先利用 SPSS 进行 Pearson 相关性检验，结果如表 5-5 所示。

表 5-5 变量间的 Pearson 相关系数

	EDI	EDIF	EDINF	EPI	PC	State	Bsize	TDU	Size	LEV	ROA
EDI	1										
EDIF	0.878***	1									
EDINF	0.923***	0.626**	1								
EPI	0.228**	0.174**	0.231**	1							
PC	-0.243**	-0.191**	-0.241**	-0.499**	1						
State	0.281**	0.260**	0.249**	0.017	0.123**	1					
Bsize	0.161**	0.172**	0.124**	0.052**	0.073**	0.276**	1				
TDU	0.061*	0.078**	0.036	0.051	-0.021	0.163**	-0.053	1			
Size	0.540**	0.469**	0.503**	0.064*	-0.158**	0.266**	0.337**	0.118**	1		
LEV	0.190**	0.257**	0.103**	-0.010	-0.029	0.189**	0.194**	0.098**	0.347**	1	
ROA	0.054	0.098**	0.009	0.048	0.018	-0.034	0.030	-0.026	0.070*	-0.337**	1

注：样本 N=1290，***、**、*分别表示在 0.01、0.05、0.1 水平上显著（2-tailed）。

从表5－5中的Pearson相关系数可以看出，货币性环境信息披露和非货币性环境信息披露均与环境绩效在5%的水平上显著正相关，与预期一致；环境信息披露指数与政治关联在5%的水平上显著负相关，表明政治关联对于环境透明度是一种负向资源，与第四章的结果相似；股权性质、董事会规模、两职分离、资产负债率、资产收益率的符号同预期基本一致。

部分变量间相关性较强，需要检测变量间的多重共线性，只有排除了多重共线性问题，才能进行接下来的多元回归分析。具体方法是分别将三个假设的数据放入模型，测试各解释变量的VIF值和Tolerance值，通过排序，将各自变量的方差膨胀因子最大值和容忍度最小值摘录到表5－6，可见，所有解释变量的最大VIF值都小于5，最小Tolerance值都远大于0.1，表明接下来的多元回归模型不存在多重共线性问题，可以作进一步分析。

表5－6 解释变量在各模型中的最大VIF值和最小Tolerance值

变量	VIF_{max}	$Tolerance_{min}$
EPI	1.361	0.735
State	1.172	0.854
TDU	1.041	0.960
LEV	1.383	0.723
PC	1.388	0.721
Bsize	1.211	0.826
Size	1.388	0.721
ROA	1.190	0.841

三、模型回归结果

模型回归结果如表5－7所示。通过表5－7可得出环境绩效和政治关联对环境信息披露的影响，模型回归结果从环境信息、货币化环境信息和非货币化环境信息三个维度统计。

表 5-7 模型回归结果

变量	EDI (1)	EDI (2)	EDI (3)
EPI	0.0696*** (8.43)		0.0629*** (6.38)
PC		-0.231*** (-5.67)	-0.1000** (-2.34)
EPI * PC			-0.363*** (-3.44)
State	0.0701*** (7.25)	0.0625*** (6.29)	0.0668*** (6.90)
Bsize	0.0318 (1.31)	0.0465* (1.88)	0.0362 (1.49)
TDU	0.0222* (1.74)	0.0160 (1.27)	0.0218* (1.72)
Size	0.0735*** (19.75)	0.0732*** (18.97)	0.0722*** (19.37)
LEV	-0.0599** (-2.15)	-0.0580** (-2.02)	-0.0608** (-2.17)
ROA	0.278*** (3.79)	0.296*** (4.10)	0.264*** (3.62)
Year	Yes	Yes	Yes
Constant	-1.364*** (-12.89)	-1.343*** (-12.32)	-1.332*** (-12.54)
N	1290	1290	1290
adj. R^2	0.364	0.348	0.369

t statistics in parentheses

* $p<0.10$, ** $p<0.05$, *** $p<0.01$

变量	EDINF (1)	EDINF (2)	EDINF (3)	EDINF (1)	EDINF (2)	EDINF (3)
EPI	0.0516*** (5.87)		0.0514*** (5.09)	0.0875*** (8.47)		0.0744*** (5.94)
PC		-0.170*** (-4.30)	-0.0707* (-1.70)		-0.292*** (-5.54)	-0.129** (-2.29)

续表

变量	EDINF (1)	EDINF (2)	EDINF (3)	EDINF (1)	EDINF (2)	EDINF (3)
EPI * PC			-0.610*** (-4.23)			-0.116 (-0.96)
State	0.0583*** (5.74)	0.0527*** (5.07)	0.0554*** (5.40)	0.0819*** (6.65)	0.0723*** (5.72)	0.0783*** (6.35)
Bsize	0.00400 (0.15)	0.0149 (0.57)	0.00868 (0.33)	0.0595** (2.02)	0.0781*** (2.59)	0.0636** (2.16)
TDU	0.00570 (0.42)	0.00106 (0.08)	0.00625 (0.46)	0.0387** (2.30)	0.0309* (1.86)	0.0374** (2.22)
Size	0.0568*** (12.94)	0.0566*** (12.57)	0.0554*** (12.68)	0.0902*** (22.01)	0.0898*** (21.32)	0.0889*** (21.55)
LEV	0.0504 (1.05)	0.0517 (0.98)	0.0461 (1.12)	-0.170*** (-5.02)	-0.168*** (-4.79)	-0.168*** (-4.93)
ROA	0.294*** (3.85)	0.307*** (4.05)	0.274*** (3.61)	0.262*** (2.82)	0.284*** (3.11)	0.255*** (2.75)
Year	Yes	Yes	Yes	Yes	Yes	Yes
Constant	-0.980*** (-8.15)	-0.965*** (-7.86)	-0.951*** (-7.89)	-1.748*** (-14.18)	-1.721*** (-13.62)	-1.714*** (-13.78)
N	1290	1290	1290	1290	1290	1290
adj. R^2	0.275	0.265	0.282	0.332	0.316	0.334

t statistics in parentheses

$* p < 0.10$, $** p < 0.05$, $*** p < 0.01$

从EDI（1）、EDIF（1）和EDINF（1）可以看出，环境绩效与三个维度的环境信息均在1%的水平上显著正相关，也就是说，环境绩效好的企业倾向于披露更多环境信息，以彰显自身致力于环境管理所取得的效果，环境绩效差的企业则尽量掩盖环境信息，减少由此带来的负面环境效应，企业将环境信息披露视为真实的告白和郑重的申明，H1成立。

从EDI（2）、EDIF（2）和EDINF（2）可以得到与第四章类似的结论，即政治关联与各维度的环境信息披露在1%的水平上显著负相关，重污染企业的政治关联水平越高，他们披露财务性环境信息和非财务性环境信息的积极性越低，H2 通过检验。

从 EDI（3）可以看出，EDI 与 EPI 的系数为 0.0629，t 值为 6.38，此时，环境绩效与政治关联的交乘项 EPI * PC 的系数为 -0.363，在 1% 的水平上显著，说明当环境绩效与环境信息披露的正向关系存在时，政治关联会削弱环境绩效带来的环境透明度，二者的关系随着政治关联的提高而降低，H3 中的环境信息维度通过检验。同样，根据 EDIF（3）可以得出类似的结论，EDIF 与环境绩效在 1% 的水平上正相关时，与交乘项 EPI * PC 在 1% 的水平上显著负相关，政治关联的企业会显著降低货币性环境信息的披露水平，H3 中的货币性环境信息维度通过检验。与 EDI（3）和 EDIF（3）不同，EDINF（3）中，非货币性环境信息与环境绩效在 1% 的水平上正相关时，交乘项 EPI * PC 的相关系数为 -0.116，t 值为 -0.96，没有通过显著性检验，也就是说，政治关联对环境绩效和非财务性环境信息披露相关性的影响符号为负，与预期一致，政治关联可以在一定程度上削弱二者的正相关关系，但是该系数不显著，政治关联所起的作用有限，H3 中的非货币性环境信息维度没有通过检验。EDI（3）和 EDIF（3）对应的假设成立，EDINF（3）对应的假设不成立，说明 H3 中的最后一项——政治关联对货币性环境信息披露的影响远大于对非货币性环境信息披露的影响得到验证。

从文中各控制变量来看，股权性质与 EDI 强相关，说明国有企业倾向于披露更多环境信息，这与国有企业需要优先负责环境义务不无关系。企业规模 Size 与 EDI 在 1% 的水平上显著相关，企业规模越大，承担环境责任和社会责任的意愿更强，也更愿意披露环境信息以彰显自身的实力。总资产收益率 ROA 与环境信息披露水平在 1% 的水平上显著相关，说明盈利能力强的企业，有精力也有实力关注环境，向外界传达己方所做的环境努力。特别说明下董事会规模 Bsize 和两职分离 TDU 的情况，董事会规模与非货币性环境信息通过 1% 水平的显著性检验，与总环境信息和货币性环境信息相关系数虽然为正，但是并不显著，说明大规模的董事会管理层希望企业披露更多环境信息，但是披露仍以文字、图表等非财务性环境信息为主；同样，两职分离的企业与非货币性环境信息通过显著性检验，与总环境信息和货币性环境信息没有通过显著性检验，说明董事长和总经理由不同的管理者担任会增加董事会透明度，刺激非货币性环境信息的披露。

四、稳健性检验

首先，本章的因变量已经按照评估体系中的“可货币化”和“不可货币化”区分开来，重新构建了财务性环境信息和非财务性环境信息；其次，替换关键自变量环境绩效，将正面环境绩效总和与负面环境绩效总和加总，以替代利用J-F指数法计算出的EPI指数；再次，替换关键自变量政治关联，不再用政治关联人数除以董事会总人数，而是将有政府或军队背景的企业赋值为1，否则赋值为0；最后，环境信息披露对政治关联和环境绩效的反馈可能存在滞后效应，将后一年度的环境信息披露与前一年度的政治关联和环境绩效重新做回归，以检测之前结果的可靠性。

表5-8列出了稳健性检验关键部分的检验结果，模型中主要变量的显著性没有发生实质变化，各种环境信息披露指数与环境绩效在1%的水平上显著正相关；政治关联会显著阻碍环境透明度水平；交互项EPI * PC的系数在环境信息维度和货币性环境信息维度通过显著性检验，在非货币性环境信息维度符号为负，但是不显著，未通过检验，说明政治关联对财务性环境信息的抑制作用强于非财务性环境信息。本章模型的研究结果具有可靠性。

表5-8 关键变量的稳健性检验结果

变量	(1) EDI	(2) EDIF	(3) EDINF
EPI	0.0329 *** (3.91)	0.0221 ** (2.46)	0.0437 *** (4.07)
PC	-0.0618 *** (-5.13)	-0.0554 *** (-4.17)	-0.0683 *** (-4.48)

续表

变量	(1) EDI	(2) EDIF	(3) EDINF
EPI * PC	-0.0420** (-2.41)	-0.0591** (-2.46)	-0.0249 (-1.04)
State	0.0639*** (6.08)	0.0498*** (4.40)	0.0779*** (5.83)
Bsize	0.0374 (1.48)	0.00934 (0.34)	0.0654** (2.08)
TDU	0.0302** (2.15)	0.0122 (0.79)	0.0482*** (2.66)
Size	0.0678*** (17.10)	0.0525*** (10.86)	0.0831*** (19.00)
LEV	-0.0438 (-1.44)	0.0654 (0.92)	-0.153*** (-4.11)
ROA	0.157* (1.86)	0.178** (1.99)	0.136 (1.29)
Year	No	No	Yes
Constant	-1.160*** (-10.23)	-0.816*** (-6.22)	-1.504*** (-11.15)
N	1290	1290	1290
adj. R^2	0.390	0.294	0.352

t statistics in parentheses

$^{*}p<0.10$, $^{**}p<0.05$, $^{***}p<0.01$

本章小结

企业作为群体最基本的细胞，在社会责任内涵中折射出对环境污染治理和环境资源合理利用的重要责任，如果企业实施有效的环境管理模式，制约破坏环境的行为，那么这类环境绩效好的企业是否会主动将自身的积极贡献反馈给外界？基于此，本章以2009～2013年沪市重污染行业上市公司为研究对象，探讨环境绩效、政治关联对环境信息披露的影响，通过一系列分析得到以下主要结论：

第一，我国的环境信息披露更符合自愿信息披露理论，企业通过环境信息披露向外界做出郑重申明，环境绩效好的企业环境信息透明度更高。我国曾经历过传统、粗放的发展模式，彼时执法不严、违法不究，一切以经济效益为先，但社会是动态发展的，当今的企业若仍沿着高能耗、高污染的粗放型模式发展，会面临严重的环境风险，如果企业企图伪造虚假的环境信息，一旦发生环境事故或环保问题，不但会受到政府部门的严厉惩罚，还可能卷入诉讼，引起民众维权事件，这类企业会尽量掩盖自身的环境情况；相反，环境绩效好的企业为获取环境溢价，将积极提高环境透明度。

第二，政治关联会显著抑制环境信息披露水平。环境信息披露行为看似遵循自愿披露原则，实际上披露的内容和程度是企业内、外部合力推动的结果，且外部因素为主因，故企业大多有逃避环境规制和环境投入的动机，政治关联恰恰给了这个动机最合适的切入口，通过职能重叠和利益重叠的高层管理人员，企业逃避环境监管，拖延和掩盖环境真相，其环境信息披露主动性会越来越差。环保部于2014年10月19日决定不再开展上市环保核查工作，以规避主体责任不清、地方保护主义干扰、利益寻租、核查周期较长、前置审批条件繁杂等问题，今后的环境监管主要靠加大上市公司环境信息公开力度，这就要求环保部门制定完善的环境信息披露准则和标准化的环境报告书，以尽量减小政治关联的负面效应。

第三，环境信息和货币性环境信息与环境绩效的正向关系会随着政治关联水平的提高而降低，政治关联对货币性环境信息披露的影响大于对非货币性环境信息披露的影响。究其原因，货币性环境信息和非货币性环境信息的属性不同，定量的财务性环境信息主要以会计凭证、账簿、报表等表现，具有公允性和一贯性的特点，难以操控；而非货币化环境信息包括很多类型，如具体管理措施、步骤、方法、手段、形成的指标和文件等，根据本章实证研究的非货币性环境信息指标可见一斑，通俗来讲，“虚”的内容更易于用来添加充数，若企业面临强大

的信息披露压力，最容易操控的数据便是非财务性环境数据。因此，政治关联在抑制环境绩效和环境信息披露的正向关系时，企业首先回避“含金量”扎实的财务性环境信息，非财务性环境信息不包含太多实质性内容，企业对其持可有可无的态度，没有隐瞒的动力。所以，政治关联对环境绩效和环境信息披露虽然都有抑制作用，但作用机制并不相同，这也是本书第二次引入政治关联因素进行对比的原因。

需要特别说明的是，第三条结论并不意味着非货币化环境信息不重要，我国的环境信息披露无论内容还是形式都比较落后，由于缺乏统一的披露标准，多数环境信息为文字性说明，方法单一，缺乏可比性，给非货币化环境信息创造了数据操控的土壤。事实上，非财务性环境数据会早于财务性环境数据反映企业的环境问题和环境风险，及时给企业有价值的反馈和指导，还能够拓宽管理者视野，使企业在政府和公众中树立良好形象。未来随着环境会计准则的不断完善，非货币化环境信息越来越标准化，如同环境绩效和环境信息披露相关性结论是不断发展的一样，本书的研究思路可能会得到不同的结果。

第六章
环境管理的经济后果

环境管理能否提升企业价值，是近些年环境会计实证分析中最受重视、成果最丰富的话题，产生这个问题的根本原因在于环境投入不可否认地带来企业成本的增加，那么环境成本的增加究竟会对企业的竞争力产生怎样的影响？现在流行两种截然不同的观点：以 Walley 为代表的传统学派从新古典经济学理论出发，认为环境和经济是竞争关系，企业若想提高环境绩效，势必增加更多成本，这部分成本本可以投入其他收益更高的项目，而且大部分环境投入难以诱发技术革新，环境成本的增加只会降低企业的边际利润，降低竞争力，环境因素对企业价值没有任何正面意义；Arouri 等（2012）也认为发达国家在发展中国家完成价值链的重污染环节，是本土进行环境管理会削弱企业价值增长的证据。但是，以 Porter 为代表的修正学派则“乐观”很多，他们认为环境和经济可以实现“双赢”，环境业绩比较糟糕本身代表了企业的低效运营状态，前期的环境管理虽然会增加成本，但随着高额投入的环保型生产工艺建设完成，后期维护费用远小于建设费用，环境效益开始给企业价值“反哺”，环境污染带来的经济损失也会远低于同类型未进行环境管理的企业，环境成为模糊资源，提高了企业竞争力。企业价值是一个多结构概念，主要指某种经济价值，并且利益相关者认可这种价值的积极作用，甚至提高对未来价值的预期。就本章来讲，企业价值主要指狭义上的、企业内部利益相关者获得满意回报的能力，显然，企业价值越高，给予股东、债权人、管理者和员工回报的能力就越强，这个价值是可以通过经济定义加以计量的。

在资本市场，环境绩效的优劣经由财务绩效对企业价值产生影响，所以以往对环境绩效和企业价值关系的实证研究中，企业价值指标的选取主要集中在股票报酬率、资产收益率、市场回报率、总资本回报率、销售回报率、TobinQ 等财务指标上。环境绩效是一个跨越环境、物理、化学、生物、工学、经济学、管理学等多学科的、极其复杂的指标，外加其系统性和动态性，本身测评计量非常困难，现在虽有许多关于环境绩效评价的理论模型，但实践计算仍处于起步阶段。国外选取的环境绩效指标主要包括 CEP 指数和 TRI 指数，CEP 指数是从 20 世纪 70 年代中期开始，美国经济优先委员会基于十三个维度监控美国重污染行业企业，并给出从 0（最好）到 10（最差）的评分，基于该评分指数对每个行业内的企业环境绩效进行排名；TRI 指数则是从 20 世纪 80 年代末开始，由美国指定法规要求企业定期填报的《有毒物质排放清单》得来。我国学者从理论上探讨过很多环境绩效指标的构建方法，如杨东宁（2004）提出“基于组织能力的企业环境绩效”模型，从劳动生产率、质量缺陷率、标准化程度、履约率、成本降低率以及创新和学习等角度理论探讨了如何提升环境绩效；陈静等（2007）尝试用模糊数学、层次分析法、DEA 等方法探索环境绩效评价方法和体系；汪克亮等（2012）利用 DEA、主成分分析等探讨环境绩效评价方法；何平林等（2012）利用数据包络法计算环境绩效，为小样本研究和案例研究提供了重要依据；胡健等（2009）依据数据包络分析法和遗传神经网络法，构建基于二次相对效益动态评价模型，用以评价企业环境绩效；陈璇等（2010）以环境资源消耗、污染物控制和治理、环保投资三个维度，采用 APH 法进行权重分配，构建了环境绩效评价体系。上述这些模型由于数据来源的限制，最多只能应用于事件研究或案例研究中，难以进行大样本数据分析。我国虽然缺少类似于 CEP 指数或 TRI 指数的通用数据源，但是随着国内环境保护力度的加大，越来越多的指标可以用来衡量企业的环保水平，如排污费和 ISO14000 系列认证就是最多的被用来代表环境绩效的两个指标。

大部分文献的研究方法是对环境绩效与各种财务比率指标进行多元回归分析，本书跳出这种常规方法，将企业价值的变化集中在 ISO14001：2004 认证时间点上，着重分析通过 ISO14001 认证前后，企业的主营业务收入和所有者权益有怎样的变化。之所以单独选取 ISO14001 认证来代表环境绩效，是出于以下五方面的考虑：其一，孙燕燕等（2014）曾利用元分析法对环境绩效和财务绩效相关关系的所有本书进行过综合对比，经有序 Probit 分析发现，观测期、经济指标类型和国家发展水平会对分析结果有明显作用，具体使用的统计方法、环境绩效指标类型不会显著影响二者的相关结果，这是因为环境指标是对企业环境行为和实践的既定事实描述，只要评价标准合理得当，不同统计方式得出的指标不会出现质的差别。其二，企业通过 ISO14001 时间节点的数据相对容易获取，且比通过环保核查的企业和环境友好型企业样本量大。其三，Testa 等（2014）对比意大利 229 家能源密集型企业对国际 ISO14001 标准和欧洲 EMAS 体系的不同反应，观察企业二氧化碳排放的减少情况发现，两个标准对提高短期和长期环境绩效都有明显的正向作用，但是其环保效果有差异；Porter 等（2006）也指出，随着环境相关法律法规的完善和执行力度的加强，环境绩效差的企业会面临更大的风险，其不得不通过提高内部的环境管理体系来提高环境绩效，以规避潜在危机。企业现在流行的便是借助宣传 ISO14000 系列认证的通过情况，向利益相关者证实自身的环保努力和主动承担社会责任的信心，因此 ISO14001 的选取具有代表性。其四，传统的环境绩效与 TOBINQ、ROA、ROE 等财务指标的多元回归分析难以控制内生性问题，本书以 ISO14001 认证时间为节点，可以从一定程度上避免内生性，保证研究结论的准确性。其五，王立彦等（2006）发现，环境敏感型行业企业对 ISO14000 系列认证的反馈更为显著，本书前三章收集的数据恰恰是沪市 A 股重污染行业上市公司，可以有效地避免非重污染行业和重污染行业带来的差异；另外，他们在研究 ISO14000 认证节点与股东权益增长和销售业绩增长的关系时，只能依照企业发布的年报中最早提及 ISO14000 的时间来估计认证通过时间。本章重新收集的 ISO14001 认证，是对他们研究的有效补充和验证。

在实证分析之前，先说明 ISO14000 和 ISO14001 的关系。ISO14000 也叫做系

列标准环境管理体系，其目的是通过一套专业的框架文件加强企业的环境意识、管理能力和保障措施，以不断维持和改善环境质量，共包括 100 个标准号，从 ISO14001 到 ISO14100，其中 ISO14001 环境管理体系——规范及使用指南是 ISO14000 的主体部分，也就是说，ISO14000 是一个系列标准集，而 ISO14001 是该标准集中最重要的部分，是企业实施环境管理的依据，也是一系列随后标准的基础，它规定了环境管理体系的要求，明确了环境管理体系的诸要素，要求组织建立环境管理体系，确定环境方针和目标，实现并向外界证明其环境管理体系的符合性。ISO14001 共经过 1996 年、2004 年和 2015 年三个版本。2012 年 2 月国际标准化组织修订委员会开始对 ISO14001 标准进行第三次修订，并于 2015 年发布新版 GB/T/24001/ISO14001：2015 环境标准，修订版进一步加强了对企业环境绩效的要求，企业需通过“算账管理”寻求提高环境绩效措施，并开始强调组织定期自主评估环境管理体系有效性和环境绩效，所以，ISO14001 在实证研究方面对环境绩效的表达能力将更强，数据的可参考性增加。

本章通过分析企业从申请到 ISO14001 认证前后的主营业务收入和股东权益的变化，回答环境管理是否可以与企业价值协同发展的问题，即企业在环境绩效提高的过程中是否可以实现环境和经济的和谐发展。

第一节 文献回顾

从实证论文的统计结果来看，早期支持传统学派的结论较多，近年来则以修正学派结论为主，即环境绩效可以促进经济价值的增长。究其原因，20 世纪 80 年代以来，全球的环境保护才刚刚开始，企业的环保意识仍处于萌芽阶段，以粗放型发展模式为主，环境管理的投入都变成了沉没成本，对企业价值的提高没有多少帮助；之后随着环保意识和民众维权的不断加强，企业愿意投入越来越多的环境成本，以寻求自身存在的合法性，环境管理的收益开始显现，出现近些年二者正相关结论越来越多的情况。笔者较倾向于基于传统学派发展出来的修正学派二的观点，即正U型曲线观点。当然，不同污染行业进行环境管理的前期投入类型不尽相同，以产业类型和具体生产工艺讨论二者关系可以得到更为明确的结果。表6－1分别统计了环境绩效与企业价值负相关、不相关和正相关的实证文献。另外，有一部分实证文献结果没有发现环境绩效和企业价值的明确关系，从侧面代表了一种观点，即环境投入对增加企业竞争力没有任何正面意义。

表6－1　环境绩效对企业价值影响的实证研究结果统计

作者及年代	主要研究内容
	传统学派（二者负相关）实证文献
Newgren等（1984）	将1975～1980年的50个公司分为两组，其中28个为不进行环境评价的公司，22个为进行环境评价的公司，结果发现，实施环境评估的企业平均股票报酬率低于没有进行环境评估的企业
Jaggi等（1992）	以13家造纸企业为研究对象，分析了污染水平对市场的影响，结果发现，企业排放的污染物越多，利润反倒越高，污染物防治绩效与投资者对企业的评价负相关，说明在预防或减轻环境污染方面的投资不会改善企业价值
Cordeiro等（1997）	以美国523家上市公司为对象，研究了企业污染物排放量、环境事故补偿与股票收益的关系，结果显示，环境绩效与当年股票收益和五年每股增长预测都呈负相关关系
Stanwick等（1998）	发现收益率越高的企业排污量也越高，经济绩效与企业价值之间显著负相关
Susmita等（2001）	发现发生重大环境事故之后，资本市场的很多企业对此无动于衷，货币持有者也未必能及时根据环境信息调整投资行为，这些结论是基于发展中国家的研究得出的
Konar等（2001）	分析有毒排放物数量和环境诉讼次数与TobinQ的关系发现，环境绩效越好的企业市场反应越积极，但是环境绩效与TobinQ负相关
Brammer等（2006）	以451家英国上市公司为对象研究企业社会责任和经济绩效的关系，发现代表环境尺度的企业社会责任与股票报酬率负相关

续表

作者及年代	主要研究内容
Makni 等（2009）	研究加拿大 2004～2005 年 179 家企业社会责任和部分财务指标的关系，得出环境维度与资产收益率、总资本回报率和市场回报率都显著负相关的结论
Le 等（2014）	通过对越南和柬埔寨实施环境管理体系的三个港口进行调研发现，那些产生环境问题的企业，反倒是重要的经济中心，所以政府需要平衡它们的环保性能和经济贡献
Linder 等（2014）	以瑞典 299 家环保型小公司为研究对象，得出公司以环境为导向会对经济造成负面影响的结论
秦颖等（2004）	发现我国造纸行业环境绩效与经济绩效呈负相关关系，实证结果支持传统学派的观点，但是研究没有考虑环境污染给社会带来的外部性成本，如果将造纸行业看作外部环境的一分子，环境绩效会带来整体社会福利的增加
二者不相关实证文献	
Rockness 等（1986）	利用 TRI 指数衡量企业环境绩效，结果环境绩效与设定的 12 个财务指标全部无关，所以作者认为投入环境管理的任何成本都会变成企业的负担
Andreas 等（2007）	发现环境绩效与股价无关，从整体社会福利来讲，环境管理是有必要且有意义的，但就企业自身而言，环境绩效对企业增加核心竞争力没有用处，企业为了降低成本，只能在满足最低合法性要求的水平参与环境管理，否则就会增加成本，输给竞争者
修正学派（二者正相关）实证文献	
Hart 等（1996）	以标准普尔权威金融分析机构提供的满足 S&P500 标准的 127 家企业为研究对象，以有毒物质排放量 TRI/销售收入代表的环境绩效与企业权益回报率、销售回报率、资产回报率都正相关
Russo 等（1997）	以环境依赖型企业为研究对象，利用最小二乘法研究发现，环境绩效得分越高，来年净资产回报率越佳，产业因素也会加强环境绩效与企业获利能力之间的关系
King 等（2001）	根据美国 652 家制造业企业 1987～1996 年的数据，利用清洁生产进行环境评级，结果发现，环境等级越高的企业股票市场月收益越高
Hamilton 等（2006）	证实了企业进行环保活动和环保宣传可以增加顾客访问量，获得绿色商誉，提升销售业绩

续表

作者及年代	主要研究内容
Telle（2006）	利用几个污染物排放指标和 ROS 进行相关性分析，发现污染物排放较少的企业销售回报率更高；规模较大的公司对环境投入成本的承受力更高，规模经济使大公司单位产出成本减少，更有动力进行环境保护。规模大的公司更重视名誉和绿色品牌，为工厂是否应该“绿色化”生产提供了依据。同时作者也指出，研究结论不成熟，逻辑内涵仍需完善
McWilliams 等（2006）	发现政府、消费者、投资者等相关群体会额外关注企业环境行为，企业的环保支出会使利益相关者为产品或投资赋予环境溢价
Frank 等（2007）	使用内容分析法建立更完善的环境绩效指数，利用两阶段最小二乘法验证了环境绩效和财务指标的正相关关系
Burnett 等（2008）	美国空气净化法案 CAA 出台之后，电力企业整体环境管理水平提升，环境绩效显著改善，但是污染水平高的电力企业财务绩效比环保型低污染电力公司差
Seong 等（2008）	发现环境绩效高的造纸企业每股盈余、股东报酬率和投资报酬率都更高，环境绩效可以提升企业的获利能力
Schneider（2008）	认为在现行美国法律体制下，环境责任优先于债权人收益，环境负债会影响固定资产的价值，所以未来债权人会更为关注企业的环境绩效，研究利用 TRI 指数代表环境绩效，结果显示，环境绩效差的企业未来会承担更大的环境责任，承受财务损失，环境管理好的企业经济绩效也更好
Azorin 等（2009）	首先通过聚类法将西班牙酒店制造企业分为三组，第一组环境执行力最强，最后一组环境执行力最差，然后通过多元回归分析发现，环境绩效对几个财务绩效指标均有显著正向影响
Johnstone 等（2009）	选取 7 个 OCED 国家中的 4000 个组织数据，实证探讨了企业实施环境管理体系的目的，发现积极认证 EMS 的企业有改善财务绩效的动机
Menguc 等（2010）	研究提出两个问题，一是内、外部因素如何影响企业的环境战略，二是环境战略如何影响企业价值。结果发现，政府管制强度和消费者敏感性对企业环境战略有重要影响，继而提升了环境绩效，环境绩效又提高了企业竞争力，带来了销售额和净利润的增加

续表

作者及年代	主要研究内容
Schneider (2011)	以美国造纸和化工行业为对象，研究发现，环境绩效是股票价格的重要决定因素，然而随着股票质量的提升，环境绩效对股票价格的影响越来越小，对于那些优质股票而言，环境绩效对其几乎没有影响，这是因为有其他竞争优势的污染型企业（如技术更先进、口碑更好、资金来源充分、政府强力扶持等），其股票价格受环境这个边缘因素影响很小；但对于普通股票而言，公司环境绩效越差，股票投资者对其未来发展越悲观，长此下去可能面临破产悲剧
Rassier 等 (2011)	探讨了施行水清洁法案对企业长、短期经济的影响，从源头防治可以提高资源利用率取得成本领先优势，“绿色化”末端产品则能获得差异化优势，提高企业竞争力
Arend (2014)	通过对中小型企业的调查发现，那些注重环境责任的企业具有更好的动机和能力，灵活性更强，这种绿色政策可以视为具有竞争优势的“绿色”
Testa 等 (2014)	对比意大利 229 家能源密集型企业对国际 ISO14001 标准和欧洲 EMAS 体系的不同反应，观察二氧化碳排放的减少情况发现，两个标准对提高企业短期和长期环境绩效都有明显正向作用，但是其环保效果有差异
Teng 等 (2014)	以 1996～2008 年台湾上市公司为样本，研究了环境管理与短期成本和长期效益的关系，结果显示，二者呈 U 型关系，虽然短期内企业环境成本增加，但是随着时间的推移，环境效益不断累积，长期来看，企业是受益于环境管理的
王立彦等 (2006)	发现企业认证 ISO14000 可以显著提高股东权益和销售利润，给企业带来价值增长效应，且环境敏感型行业对 ISO14000 认证的反应更显著
吕峻等 (2011)	以我国 2007～2009 年造纸行业和建材行业 68 家上市公司为样本，发现环境绩效与财务绩效之间显著正相关
程巧莲等 (2012)	利用随机抽样法发放了 250 份问卷，收回 202 份有效问卷，通过层次回归分析发现，制造企业环境战略实施水平越高，环境绩效水平越高，带来更高的企业价值，为鼓励企业积极进行环境管理提供了依据。竞争激烈的企业环境绩效对财务的促进作用更强，环境可以作为企业竞争优势之一；面向海外市场的企业环境绩效与企业价值的相关性更强，这与发达国家环境意识提高、认可“环境溢价”不无关系

第二节 样本与数据来源

原国家环保总局《上市公司环境信息披露指南》（环办函〔2010〕78 号）和《上市公司环保核查行业分类管理名录》（环办函〔2008〕373 号）共认定 16 个重污染行业，具体是火电、钢铁、水泥、电解铝、煤炭、冶金、化工、石化、建材、酿造、制药、发酵、纺织、皮毛、采矿，以此为标准挑选出 2009～2013 年上海证券交易所 A 股上市公司的对应样本，剔除数据不全的公司、剔除财务状况异常的 ST 和 PT 公司后，最终得到 258 个有效样本，然后利用 SPSS 软件进行实证统计分析。与之前的原因相同，由于上海证交所上市公司包括环境在内的社会责任信息披露状况明显优于深圳证交所上市公司，且上海证交所于 2008 年单独发布了《上海证券交易所上市公司环境信息披露指引》，其上市公司社会责任报告中环境数据比深圳证交所上市公司更为详细，所以本书仅考虑上海证券交易所重污染行业企业，其中的财务数据来源于 CSMAR 数据库。

我国 ISO14001 证书的考核和发放由第三方机构执行，第三方机构则需取得中国环境管理体系认证机构认可委员会的认可。从国家认可委网站可以看出，目前相应的认证机构有 87 家之多，而且 ISO14000 实施的是非行政手段的自愿申请，且有三年有效期限制，所以并无网站具备齐全的通过 ISO14001 认证的企业列表，这些都为企业通过 ISO14001 的数据收集带来了难度，也是 ISO14000 相关实证论文很少的原因之一。本书 ISO14001 部分数据来源于国家认证认可监督管理委员会网站；企业如果通过了 ISO14001 标准，会通过各种途径向外界积极宣传自身的环保努力，所以其余数据主要从上市公司年报中手工整理而得以作为有效补充。

由于 ISO14001 认证只有三年有效期，超年限后企业需要重新申请，故收集的 ISO14001 时间节点数据主要分为以下三类：第一类是自通过 ISO14001 标准

后，每三年准时续证，从未间断的企业，这类企业以最早通过认证的时间为准；第二类是2008年及以前曾申请通过ISO14001标准，三年有效期满后未再续证或再审核未通过认证的企业，这类企业不计入研究样本；第三类是曾申请通过ISO14001标准，三年期满后并未及时续证，几年后又重新申请到ISO14001证书的企业，这类企业以最新申请到的证书时间为准，如武钢股份于2005～2007年有ISO14000标准，超期后的2008年和2009年不具备ISO14000标准，2010年又重新成功申请到了环境质量管理标准，则武钢股份通过ISO14001认证对企业价值增长的影响研究以2010年为基准。另外，上市公司本身未通过ISO14001，但其控股企业通过的，也视为申请到认证。

表6－2和表6－3是样本企业通过ISO14001认证的年度数量统计和行业数量统计，258个有效样本中，共133家上市公司及其控股企业申请到ISO14001认证，占总样本的51.5%，通过率较高，一方面由于样本企业本身属于重污染行业，其面临的绿色贸易壁垒和环境风险高于非重污染行业，自愿申请认证的迫切性较高；另一方面由于上市企业有较强的行业竞争力，舍得在ISO14001认证上投入较大财力和精力，塑造企业形象，以此向外界展示其实力和对环境保护的积极态度。其中，2009～2012年申请认证的企业数量较为稳定，是因为很多上市年限较短的企业在这段时间开始申请认证，带来了一段高峰期；2013年的时候，样本中大部分有意向申请ISO14001标准的重污染企业已完成申请，所以数量出现了回落。这个数据并不能说明上市公司总体申请ISO14001认证的情况，由于ISO14001标准无论在政府部门还是私营企业、制造业还是服务业都有普遍的应用性和适用性，故不同产业的ISO14001通过比率有很大不同。

表6－2　样本企业通过ISO14001认证的年度数量统计

通过年份	2008年及以前	2009年	2010年	2011年	2012年	2013年
通过数量（家）	48	21	22	19	17	6
占总样本的比率	0.186	0.081	0.085	0.074	0.065	0.023

表6-3　样本企业通过ISO14001认证的行业数量统计

行业	行业内通过认证的企业数量（家）	行业内上市样本总数（家）	行业内通过比率
火电	6	24	0.250
钢铁	13	23	0.565
水泥	6	10	0.600
电解铝	5	6	0.833
煤炭	7	15	0.467
冶金	8	14	0.571
化工	25	35	0.714
石化	3	4	0.750
建材	10	21	0.476
造纸	7	10	0.700
酿造	4	10	0.400
制药	17	45	0.378
发酵	1	1	1.000
纺织皮革	12	25	0.480
采矿	9	15	0.600

根据表6-3可以发现，制药、纺织皮革、酿造等轻工业ISO14001认证通过比率低于重工业，其中火电和煤炭行业ISO14001认证通过率不高。同样，本书仅局限于沪市A股重污染上市公司，该数据结论不具有其他行业和整体上市企业的延伸性。

第三节　经济价值增长的假设与检验

一、研究假设

申请 ISO14000 系列标准，一定程度上代表了企业的环境战略和环境行为，可以从两方面促进主营业务的业绩。一方面，国际标准化组织在 1996 年公布 ISO14000 时，便宣布只给该认证两到三年的缓冲期，之后国际市场会对未获得认证的企业和产品做出若干限制。例如，日本在 ISO9000 标准实施上仅推迟了几年，对外贸易便遭受极大损失，故日本各企业集团对 ISO 系列认证中环境管理体系认证的推行非常积极。ISO14000 类似于非关税贸易壁垒，通过认证相当于取得了一张跨国经营的绿色通行证，扩展了营业市场。另一方面，ISO14000 系列认证表达了企业的环保承诺，可以带来较高的商誉和公众信任度。民众的环保要求越来越高，逐渐出现了很多环保偏好型消费者，尽管环保型产品的售价高于非环保型产品，但发达国家超过 50% 的消费者愿意为此承担溢价（罗榜圣，2005）。Porter 等（1995）认为，消费者在购买过程中会考虑环境因素，而且环境管理水平较高的企业有助于找到新的发展商机，获得市场更大程度的认可。Hamilton 等（2006）通过实证研究证明企业的环保活动和环保宣传有助于增加顾客访问量，提升销售业绩。Arend（2014）发现，注重绿色政策的企业具有竞争优势，销售额、销售回报率等更高。Schneider 等（2008）也认为，企业在资源利用、生态改善或防污治理过程中实施有效的环境管理，可以得到“环境溢价”，同时变成企业自发的持续改善行为。可见，申请通过 ISO14000 系列标准并为此积极宣传的企业，能够扩大市场占有率，产生顾客粘性，有助于主营业务的提升。根据以上两方面分析，我们提出假设 H_{10}：

H_{10}：企业在通过 ISO14001 标准之后，其主营业务收入和主营业务利润与通过标准之前相比，没有明显的增加。

所有者权益即净资产，体现了所有者对剩余资产的求偿权，企业谋求发展首先考虑的就是能否增加所有者权益。Singh 等（2014）认为，环境管理是企业的正向资源，可持续的绿色生态网络不但可以提高声誉，还可以提高资源利用率和劳动生产率，减少污染，节省费用。McWilliams 等（2006）发现，政府、消费者、投资者等相关群体会额外关注企业环境行为，企业的环保支出使利益相关者为产品或投资赋予溢价，提升企业价值。还有很多文献证实，环境绩效的提高可以带来销售额、净利润、每股盈余、股东报酬率、资产回报率的提高。实行 ISO14000 是企业由粗放型经营向集约密集型经营转变的手段，通过规范化、流程化的环境管理，能够提升产品技术含量，减少污染治理费用，避免因环境问题造成的经济损失。此外，国际金融机构一方面偏好于扶持环保型产品的产业，另一方面将企业的环境风险作为融资的重要权衡准则，此时获得 ISO14001 认证的公司在国际和国内金融市场可以降低融资难度。这一切的益处便相当于提升了净资产。根据以上分析提出假设 H_{20}：

H_{20}：企业在通过 ISO14001 标准之后，所有者权益与通过标准之前相比，没有明显的增加。

二、检验方法

关于假设 H_{10} 和假设 H_{20}，根据企业通过 ISO14001 标准前一年、当年和后一年的配对样本 t 检验来验证，分别从主营业务收入和所有者权益两个维度进行，即将每个企业通过 ISO14001 前和通过后构成一对，看这组样本在处理前后的平均值有无差异，检验思路是做差值，转化为单样本 t 检验，最后转化为差值序列总体均值是否与 0 有显著性差异，若企业的财务数据变动通过 t 检验，则可以拒绝原假设。用于对比分析的样本仅包括 133 个通过认证的企业。

三、实证结果

均值统计和成对样本检验分别见表6-4和表6-5，用来检验假设 H_{10} 和假设 H_{20}。由表6-4可以看出，主营业务收入、主营业务利润和所有者权益的均值都是逐年增加的。接下来对每两年的总体样本进行配对样本t检验，根据表6-5可以看出，获得ISO14001的上市公司，其主营业务收入数据从通过认证后一年，到通过认证当年，再到通过认证前一年是逐年递减的，p值均为0.000，即均在 $p<0.001$ 的水平上显著；主营业务利润从通过认证后一年，到通过认证当年，再到通过认证前一年是逐年递减的，p值分别为0.073、0.048和0.025，即均在 $p<0.1$ 的水平上显著；所有者权益数据从通过认证后一年，到通过认证当年，再到通过认证前一年是逐年递减的，p值分别为0.020、0.005和0.010，即均在 $p<0.1$ 的水平上显著。根据以上结果，拒绝假设 H_{10} 和假设 H_{20}，即企业在通过ISO14001标准之后，其主营业务收入、主营业务利润和所有者权益与通过标准之前相比有显著增加。

表6-4 均值统计

主营业务收入年度	均值	主营业务利润年度	均值	所有者权益年度	均值
t_0-1 年	27215458250.295	t_0-1 年	2675392374.249	t_0-1 年	16838223806.635
通过当年 t_0	34463911178.504	通过当年 t_0	3053171361.830	通过当年 t_0	18710218449.675
t_0+1 年	44252491477.365	t_0+1 年	3691816496.608	t_0+1 年	20856334222.871

表 6－5　成对样本检验

		Mean	Std. Deviation	Std. Error Mean	95% Confidence Interval of the Difference		t	df	Sig.（2－tailed）
					Lower	Upper			
主营业务收入	t_0+1 对照 t_0	9788580298. 860	61586528288. 000	5340229266. 690	－774921029. 186	20352081626. 908	3. 833	132	0. 000
	t_0 对照 t_0-1	7248452928. 209	49774229898. 118	4315973096. 831	－1288968456. 405	15785874310. 825	3. 679	132	0. 000
	t_0+1 对照 t_0-1	17037033227. 070	107779794660. 191	9345693446. 311	－1449672156. 052	35523738610. 192	3. 823	132	0. 000
主营业务利润	t_0+1 对照 t_0	638645134. 777	4078346472. 747	353637488. 569	－60884771. 822	1338175041. 377	1. 808	132	0. 073
	t_0 对照 t_0-1	377778987. 580	2203636064. 114	191079480. 039	－195110. 601	755753085. 762	1. 997	132	0. 048
	t_0+1 对照 t_0-1	1016424122. 358	5184703088. 789	449570773. 731	127128695. 477	1905719549. 238	2. 261	132	0. 025
所有者权益	t_0+1 对照 t_0	2146115773. 195	10498399355. 422	910326674. 513	345399632. 568	3946831913. 822	2. 358	132	0. 020
	t_0 对照 t_0-1	1871994643. 040	7471115816. 077	647827900. 758	590527022. 782	3153462263. 297	2. 890	132	0. 005
	t_0+1 对照 t_0-1	4018110416. 235	17755243213. 069	1539574840. 137	972679207. 904	7063541624. 566	2. 610	132	0. 010

第四节　环境管理与经济价值增长关系的假设与检验

如果企业在通过 ISO14001 时间节点前后，主营业务收入和所有者权益有明显增加，那么这种增加是不是获得认证带来的直接影响？或者这种统计学上的提高仅仅是得益于行业或公司的自然发展？接下来的研究便探讨这两个问题。

一、研究假说

认监委规定企业申请的 ISO14001 证书有效期仅为三年，在三年有效期内，每年至少要进行一次监督审核，如果企业的环境管理体系问题比较严重，认证中心会增加审核频次，以保证企业满足标准要求的持久性，三年有效期满后，企业可以继续向原认证机构申请换证，也可以找其他认证机构重新认证。一方面，企业每三年经历一次完全审核，有利于持续满足标准要求和不断改进；另一方面，避免机构终身制，给企业重新选择的机会，确保认证机构的 ISO14000 系列标准监督力。另外，即便不考虑环保装备和环境流程改造投入，ISO14000 认证成本都在几万到几十万不等，收费相对较高，既然程序繁杂、收费不菲，越来越多的企业为何仍乐此不疲地努力申请认证呢？根据以上分析，我们提出假设 H_{30}：

H_{30}：企业通过 ISO14001 标准后虽主营业务收入有显著提高成立，但主营业务收入的增长与 ISO14001 并无显著关系。

与 H_{30}的分析类似，企业在通过 ISO14001 标准之后，所有者权益有统计学上的显著提高，那么这种提高与通过 ISO14001 标准有无明显的关联？据此，我们提出假设 H_{40}：

H_{40}：企业通过 ISO14001 标准后虽所有者权益有显著提高成立，但其所有者权益的增长与 ISO14001 并无显著关系。

二、计量模型和变量说明

关于假设 H_{30} 和假设 H_{40}，分别在通过节点前、通过节点后测量了每个通过 ISO14001 标准企业的主营业务收入和所有者权益，并与从未通过 ISO14001 标准的企业对比，以检测 ISO14001 对这两个财务指标有无影响。由此我们构建了模型（1）来检验假设 H_{30}，模型（2）来检验假设 H_{40}：

$$\ln(REVENUE_{t+1}) = \alpha_1 \ln(REVENUE_{t-1}) + \alpha_2 YEAR_t \tag{1}$$

$$\ln(NETASSETS_{t+1}) = \beta_1 \ln(NETASSETS_{t-1}) + \beta_2 YEAR_t \tag{2}$$

其中，REVENUE 代表主营业务收入；NETASSETS 代表所有者权益；$YEAR_t$ 则是哑变量，企业在 t 年度通过 ISO14001 认证时，$YEAR_t$ 取值为 1，否则取值为 0。如果方差分析中 Sig. 对应的值小于 0.05，代表模型（1）和模型（2）有统计学意义，总体解释变量联合起来对被解释变量有显著线性关系，此时回归方程通过 F 检验；然后继续观察 α_2 和 β_2，若 α_2 和 β_2 均大于 0，且其对应的 p 值小于 0.1，说明该回归参数通过显著性检验，可以拒绝原假设，即在其他解释变量不变的情况下，企业通过 ISO14001 标准对主营业务收入增加和所有者权益增加的影响是显著的。

与 H_{10} 和 H_{20} 的检验不同，H_{30} 和 H_{40} 用于回归分析的样本是 t 年全部通过认证的企业和从未通过认证的企业，若在 t 年之前某企业已申请到 ISO14001 标准，则在 t 年度的回归中该企业不计入样本。也就是说，从 2009 年到 2012 年，样本量是逐渐递减的。根据表 6－2 的年度认证数量统计，假设 H_{30} 和假设 H_{40} 各进行四次年度分析计算，具体表达式如下：

$$\begin{cases} \ln(REVENUE_{2010}) = \alpha_1 \ln(REVENUE_{2008}) + \alpha_2 YEAR_{2009} \\ \ln(REVENUE_{2011}) = \alpha_1 \ln(REVENUE_{2009}) + \alpha_2 YEAR_{2010} \\ \ln(REVENUE_{2012}) = \alpha_1 \ln(REVENUE_{2010}) + \alpha_2 YEAR_{2011} \\ \ln(REVENUE_{2013}) = \alpha_1 \ln(REVENUE_{2011}) + \alpha_2 YEAR_{2012} \end{cases}$$

$$\begin{cases} \ln(NETASSETS_{2010}) = \beta_1 \ln(NETASSETS_{2008}) + \beta_2 YEAR_{2009} \\ \ln(NETASSETS_{2011}) = \beta_1 \ln(NETASSETS_{2009}) + \beta_2 YEAR_{2010} \\ \ln(NETASSETS_{2012}) = \beta_1 \ln(NETASSETS_{2010}) + \beta_2 YEAR_{2011} \\ \ln(NETASSETS_{2013}) = \beta_1 \ln(NETASSETS_{2011}) + \beta_2 YEAR_{2012} \end{cases}$$

三、实证结果

表6-6是主营业务收入各年度方差分析和回归系数表，用来检验 H_{30}。由方差分析可以看出，2009~2012年的 adj. R^2 分别为0.955、0.918、0.875、0.929，Sig. 对应的值小于0.001，模型（1）有统计学意义，通过F检验。由回归系数可以看出，$YEAR_t$ 前的系数均大于0，除 $YEAR_{2010}$ 系数未通过显著性检验外，$YEAR_{2009}$、$YEAR_{2011}$ 和 $YEAR_{2012}$ 对应的p值分别为0.025、0.012和0.048，都小于0.05，这三个回归参数均在0.05的水平上显著不为0，由此可以拒绝 H_{30}，即企业通过标准后，主营业务收入的增长与ISO14001有显著关系，回归方程如下：

$$\begin{cases} \ln(REVENUE_{2010}) = -0.054 + 1.012\ln(REVENUE_{2008}) + 0.181 YEAR_{2009} \\ \ln(REVENUE_{2011}) = 0.929 + 0.971\ln(REVENUE_{2009}) + 0.149 YEAR_{2010} \\ \ln(REVENUE_{2012}) = 1.620 + 0.923\ln(REVENUE_{2010}) + 0.341 YEAR_{2011} \\ \ln(REVENUE_{2013}) = 0.417 + 0.984\ln(REVENUE_{2011}) + 0.224 YEAR_{2012} \end{cases}$$

表6-7是所有者权益各年度方差分析和回归系数表，用来检验 H_{40}。由方差分析可以看出，2009~2012年的 adj. R^2 分别为0.941、0.897、0.845、0.891，模型（2）均在0.001水平上通过F检验。由回归系数可以看出，$YEAR_t$ 前的系数均大于0，除 $YEAR_{2010}$ 系数未通过显著性检验外，$YEAR_{2009}$、$YEAR_{2011}$ 和 $YEAR_{2012}$ 对应的p值分别为0.039、0.018和0.077，都小于0.1，这三个回归参数均在0.1的水平上显著不为0，由此可以拒绝 H_{40}，即在其他解释变量不变的情况下，企业通过ISO14001标准对所有者权益的增长有显著的正向影响，具体回归结果如下：

表 6-6 主营业务收入各年度方差分析和回归系数

2009 年回归系数，因变量为 $\ln(REVENUE_{2010})$						方差分析					adj. R^2 = 0.955
	B	Std. Error	Beta	t	Sig.	Model	Sum of squares	df	Mean Square	F	Sig.
Constant	-0.054	0.340		-0.160	0.873	Regression	512.586	2	256.293	2123.494	0.000[a]
$\ln(REVENUE_{2008})$	1.012	0.016	0.973	64.587	0.000	Residual	24.018	207	0.121		
$YEAR_{2009}$	0.181	0.080	0.034	2.252	0.025	Total	536.604	209			
2010 年回归系数，因变量为 $\ln(REVENUE_{2011})$						方差分析					adj. R^2 = 0.918
	B	Std. Error	Beta	t	Sig.	Model	Sum of squares	df	Mean Square	F	Sig.
Constant	0.929	0.487		1.907	0.058	Regression	421.982	2	210.991	1002.612	0.000[a]
$\ln(REVENUE_{2009})$	0.971	0.023	0.951	43.048	0.000	Residual	37.459	186	0.210		
$YEAR_{2010}$	0.149	0.110	0.030	1.356	0.177	Total	459.440	188			
2011 年回归系数，因变量为 $\ln(REVENUE_{2012})$						方差分析					adj. R^2 = 0.875
	B	Std. Error	Beta	t	Sig.	Model	Sum of squares	df	Mean Square	F	Sig.
Constant	1.620	0.610		2.654	0.009	Regression	318.664	2	159.332	557.952	0.000[a]
$\ln(REVENUE_{2010})$	0.923	0.028	0.929	33.070	0.000	Residual	44.834	164	0.286		
$YEAR_{2011}$	0.341	0.134	0.072	2.548	0.012	Total	363.498	166			
2012 年回归系数，因变量为 $\ln(REVENUE_{2013})$						方差分析					adj. R^2 = 0.929
	B	Std. Error	Beta	t	Sig.	Model	Sum of squares	df	Mean Square	F	Sig.
Constant	0.417	0.517		0.807	0.421	Regression	314.714	2	157.357	919.431	0.000[a]
$\ln(REVENUE_{2011})$	0.984	0.024	0.954	41.530	0.000	Residual	23.789	145	0.171		
$YEAR_{2012}$	0.224	0.112	0.046	1.996	0.048	Total	338.504	147			

表 6-7 所有者权益各年度方差分析和回归系数

2009 年回归系数，因变量为 ln($NETASSETS_{2010}$)						方差分析					adj. R^2 = 0.941
	B	Std. Error	Beta	t	Sig.	Model	Sum of squares	df	Mean Square	F	Sig.
Constant	0.160	0.383		0.418	0.676	Regression	397.801	2	198.901	1607.023	0.000[a]
ln($NETASSETS_{2008}$)	1.001	0.018	0.965	55.836	0.000	Residual	24.630	207	0.124		
$YEAR_{2009}$	0.170	0.082	0.036	2.078	0.039	Total	422.431	209			
2010 年回归系数，因变量为 ln($NETASSETS_{2011}$)						方差分析					adj. R^2 = 0.897
	B	Std. Error	Beta	t	Sig.	Model	Sum of squares	df	Mean Square	F	Sig.
Constant	1.353	0.535		2.528	0.012	Regression	307.187	2	153.593	788.635	0.000[a]
ln($NETASSETS_{2009}$)	0.945	0.025	0.941	37.664	0.000	Residual	34.667	186	0.195		
$YEAR_{2010}$	0.101	0.107	0.023	0.938	0.349	Total	341.854	188			
2011 年回归系数，因变量为 ln($NETASSETS_{2012}$)						方差分析					adj. R^2 = 0.845
	B	Std. Error	Beta	t	Sig.	Model	Sum of squares	df	Mean Square	F	Sig.
Constant	1.709	0.672		2.544	0.012	Regression	209.703	2	104.852	435.544	0.000[a]
ln($NETASSETS_{2010}$)	0.917	0.031	0.917	29.416	0.000	Residual	37.796	164	0.241		
$YEAR_{2011}$	0.294	0.123	0.075	2.319	0.018	Total	247.499	166			
2012 年回归系数，因变量为 ln($NETASSETS_{2013}$)						方差分析					adj. R^2 = 0.891
	B	Std. Error	Beta	t	Sig.	Model	Sum of squares	df	Mean Square	F	Sig.
Constant	2.192	0.603		3.638	0.000	Regression	186.408	2	93.204	575.653	0.000[a]
ln($NETASSETS_{2011}$)	0.902	0.028	0.929	32.154	0.000	Residual	22.505	145	0.162		
$YEAR_{2012}$	0.198	0.111	0.051	1.782	0.077	Total	208.913	147			

$$\begin{cases}\ln(NETASSETS_{2010}) = 0.160 + 1.001\ln(NETASSETS_{2008}) + 0.170YEAR_{2009} \\ \ln(NETASSETS_{2011}) = 1.353 + 0.945\ln(NETASSETS_{2009}) + 0.101YEAR_{2010} \\ \ln(NETASSETS_{2012}) = 1.709 + 0.917\ln(NETASSETS_{2010}) + 0.294YEAR_{2011} \\ \ln(NETASSETS_{2013}) = 2.192 + 0.902\ln(NETASSETS_{2011}) + 0.198YEAR_{2012}\end{cases}$$

本章小结

ISO14001 标准认证为企业提供了有效的环境管理模式，制约企业的环境破坏行为，鼓励企业积极改善环境，实现低碳经济、循环经济和可持续发展。本章以 2009 ~ 2013 年已经通过或正在通过 ISO14001 的上市重污染企业为研究对象，探讨经济和环境之间的关系，通过一系列分析可以看出，ISO14001 标准会给企业的主营业务收入和所有者权益增长带来积极正面的效应，促进企业价值增长，也就是说，企业进行环境管理以提高环境绩效水平与财务绩效的增长并不矛盾。

值得特别指出的是，唯有 2010 年主营业务收入和所有者权益的系数同时未通过显著性检验，事实上，利益相关者的绿色偏好会诱导企业改变运营战略，通过被动或主动的方式降低环境外部不经济性，在这种环境成本内部化的过程中，产品价格和资产价值都会发生变化，然而，财务信息的表达是复杂的，其变化程度既取决于企业在所属行业内的竞争水平，也取决于绿色政策的执行程度和效果，也就是说，企业的环境管理策略及其带来的经济效用并非很简单的事情，那么 2010 年的这个异常结果可能为未来的进一步研究提供了契机。

第七章 研究结论与未来研究展望

第一节 研究结论

本书结合理论分析、指数构建和实证研究，将样本限定在沪市A股重污染行业上市公司，探讨我国企业环境信息披露和环境绩效的影响因素，以及它们对企业经济所起的作用，并结合我国特殊国情，着重分析了政治关联在环境管理中担任的角色，通过一系列系统研究，得出以下四个主要结论：

首先，企业进行环境信息披露更多受外部压力的推动，进而降低了股权融资成本。分析环境行为和市场行为以及两者间的重要关系并做出合理决策，是指导和监督企业经营与环境管理的重要途径。随着外部性压力的增加，投资者将对一个特殊信号的感知越来越强，即政府和公众更加关注企业的环境行为，企业的环境违法成本很高，那么在做投资决策时，投资者将额外关注环境风险和环境成效，对那些环境透明度较低的企业给予更高的环境风险折价，随之而来的是货币持有者期望的收益率增加或者资金流动性降低；相反，充分披露环境信息的企业，会被投资者认同为更有实力和更有环境道德，投资者的投资意愿加强，企业融资难度和回报期望降低，融资规模增大，加强了资金流动性和融资效率。另外，以政府管制、媒体监督和同行业竞争为代表的外部治理水平，在促进货币性环境信息与股权融资成本负向关系方面优于非货币性环境信息，这是由非财务性环境信息较高的可操控性和较低的可参考性导致的，这一结论丰富了环境信息披露对企业价值正面影响的研究，对于指导环保部门完善环境信息披露准则、制定标准化环境报告书模板具有很强的现实意义。

其次，本书将环境绩效的概念限定在狭义的、只针对外部利益相关者角度的显性绩效上，根据以往的文献回顾和总结，我们知道环境绩效的最终效果主要依赖于组织因素和企业的内部运营，通过公司治理的价值相关性和政治关联的影响分析证实，股权性质、董事会规模、两职分离会显著促进环境绩效水平，与其他文献结论不同的是，并未发现高管薪酬和独立董事比例与环境绩效的显著关系，这一结果是重要的，从侧面说明了我国独立董事的尴尬情形以及高管薪酬更多与短期经济绩效挂钩的现状。政治关联在环境管理中的角色是完全的负面资源，它会诱导企业逃避环保投资，出现环境问题时尽可能地掩盖和拖延，影响环境尺度的市场效率；更为严重的是，政治关联会削弱公司治理带来的环境绩效效果，若企业将更多精力投入建立和维护政治通道上，聘用非专业人士担任企业高层并享受高薪，会降低公司治理的效率和水平，弱化内部治理带给绿色绩效的正面成果。这一结论补充了公司治理和政治关联的价值相关性研究，指出未来环境绩效影响因素分析的可能方向。

再次，本书回归到环境管理本身，实证分析了环境会计多年来一直争论的话题：环境绩效究竟会促进还是阻碍企业的环境信息披露，并第二次引入政治关联因子，对比政治关联对环境信息披露和环境绩效的抑制机理差异。结果表明，企业借助披露环境信息向外界做出郑重申明，环境绩效好的企业环境信息透明度更高，而政治关联会显著约束环境信息披露水平，成为企业回避环境管制最合适的切入口，不过政治关联对环境绩效与货币性环境信息披露关系的影响大于非货币性环境信息，证实了企业会尽量回避参考性较高和操控性较低的货币化环境信息，对于容易以“量”取胜的非货币化环境信息，隐瞒的动力较低。

最后，本书跳出将环境绩效与各种财务比率指标进行多元回归分析的常规做法，把企业价值的变化集中在ISO14001认证时间节点上，着重分析获取环境管理体系证书前后，企业的价值有怎样的变化。研究发现，通过ISO14001标准会给企业的主营业务收入和所有者权益增长带来积极正面的效应，促进企业价值增长，也就是说，ISO14001标准认证为企业提供了有效的环境管理模式，制约企业破坏环境的行为，鼓励企业积极改善环境，实现低碳经济、循环经济和可持续发展，企业进行环境管理以提高环境绩效水平与财务绩效的增长并不矛盾，为环境和经济之“辩”提供了新的经验证据。

总之，环境会计是结合管理学、经济学、环境学、法学等发展起来的新型会计学分支学科，多元学科的交叉性和综合性决定了其研究方法的复杂性，本书仅结合我国环境会计的发展进程，选定了其系统中的冰山一角，试图窥察以环境信息披露和环境绩效为代表的环境管理受哪些因素的影响，更重要的是环境能否与经济“齐头并进”的问题。我国尚未建立完整的环境会计制度，更极少有企业运用环境会计体系，市场证券中环境信息的披露机制很不健全，对于环境透明度和环境绩效的衡量需要随着环境会计的发展进一步完善，同时，它们的经济后果以及对金融市场的影响并未完全显现，笔者未来会持续跟踪环境信息披露的研究。

第二节 研究局限性与未来研究展望

一、研究局限性

本书的研究存在以下三点局限性：

首先，定量数据较少，定性数据较多。文中与环境相关的指标，如环境信息披露指数和环境绩效指数的计量与原始数据收集过程，均存在较大程度的主观性，虽然全部数据的收集统计均由笔者一人单独完成，以尽量减少不同人员收集导致的主观性差异，但是不同作者计算的指数之间仍然没有绝对值的可比性，只有趋势的可比性，这也是为什么环境信息披露指数在有的文献中仅有0.05，有的文献中却高达0.3的原因。由于我国缺少完善的环境会计体系，环境信息披露缺乏统一标准，本书数据方面的不足只能随环境准则和环境会计报告的完善不断弥补。

其次，环境信息的表达是复杂而长期的，本书仅选取五个指标构建外部治理变量远远不够，但是环境透明度研究是我国一个年轻的领域，该议题成果有限，可参考的文献不多，故此处只能借政府压力和社会压力对环境信息水平的影响进行浅析来抛砖引玉。

最后，我国现在的环境信息披露以自愿披露为原则，这就意味着企业可以选择性地披露对自己有利的正面环境信息和一部分无关痛痒的描述性信息，除非迫不得已，都会尽量避免披露能源损耗率、污染物排放率、环境污染事故等对公司不利的负面环境信息，以迎合政府监管和社会公众的环保要求；由于环境审计非常薄弱，有的企业会披露尽可能少的环境信息甚至通过伪造环境信息，以规避舆论监督，隐瞒他们逃避环境责任的事实。从数据来源看，各上市公司环境信息指数的来源不统一，没有权威机构为所有上市公司环境信息进行统一审核，难免出现冗余数据甚至虚假数据，本书虽将环境信息分为货币性环境信息和非货币性环境信息以尽可能区分环境数据质量，但仍与理想情况相去甚远。

二、未来研究展望

根据本书的结论和局限性，笔者认为可以从以下五个方面来拓展研究的尺度：

第一，现行环境会计实证研究主要集中在相关关系的表象计量分析上，之所

以对其深层次的机理研究成果很少，是因为受数据的限制，如果未来各企业发布统一的、高质量的环境报告书，就可以帮助研究人员从企业生产经营的微观尺度入手，探讨实证结果的背后成因，这既是未来的研究方向之一，也是最大的难点之一。

第二，环境信息是环境会计实证研究得以发展的数据根基，只有统一的环境会计信息才能增加数据间的可比性，为大尺度观察环境管理对经济的滞后影响带来可能，这也是笔者打算后续跟踪的话题。

第三，不同类型的污染行业，环境管理前期投入区别巨大，生产工艺和行业类型对财务绩效有完全不同的表达，后续研究可以对不同行业间环境责任的承担情况进行对比。

第四，传统的政治关联计量和统计方法不能准确地反映我国的政治环境，如国有企业的董事长和总经理本来就有行政级别，本书无法全部计入样本；另外，党政企的政治联系非常复杂，未来将着重研究政治关联网络和更明确的政治关联计量方法。

第五，我国国情特殊，政府身兼管理者、政策制定者和投资者，国有企业和家族企业承担环境责任的动机完全不同，未来可以持续跟踪不同企业类型的环境会计情形；同时，对比我国与发达国家环境会计实证结论，也能极大地丰富环境会计领域的研究成果。

第三节　政策建议

我国经历了很长一段时间高指标、高积累、低效率的粗放型经济增长模式，这种增长强调以工业化带动经济增长，其中又以重工业为主，时至今日，重污染企业仍是导致我国环境恶化的最重要因子。环境污染和生态破坏已由区域个别性转向全球系统性和连锁化，酸雨连绵、温室效应、臭氧层破坏、有毒物质扩散、生物多样性锐减、土地退化、沙化加剧、水土流失、森林大面积萎缩等问题互相叠加，严重威胁民众的生存和发展，每年发生的环境大事件更是给公众带来了恐慌，由此导致的群体环境维权事件愈演愈烈，几乎每个事件背后都涉及重污染企业。通过2014年底发布的《关于改革调整上市环保核查工作制度的通知》和2015年开始施行的最新《中华人民共和国环境保护法》可以看出，今后企业的环保核查不再是政府主导制，而是由市场主体负责，环保部门对企业环境安全的监管将主要依靠加强上市公司环境信息披露水平来实现。本书的研究则证实，以环境信息披露和环境绩效为代表的绿色资源对促进企业价值有积极的正向作用，企业的环境经济目标和社会总体目标是可以达到一致的，而政治关联在我国的特殊国情下会阻碍企业的环境管理，故本书从宏观环境经济政策层面、环境信息披露制度构建层面和政治关联层面提出一些建议，以推动企业积极进行环境管理，引导自主性环境信息披露。

一、宏观环境经济政策层面

利用经济手段引导企业将污染成本内部化，建立一套全方位的宏观环境经济政策，是降低环境监控成本、增强企业自主环境管理最有效的手段，也是最长效的手段。然而，我国现今并未形成一个完整的政策体系，现结合发达国家的经验，提出以下几点建议：

第一，引入排污权交易制度，利用明确界定的产权资源交换达到配置的最佳效率，从而克服环境污染负的外部效应，简言之，政府部门根据环境目标确定排污总量，并通过排污许可证把排污总量划分为若干排污权分配给各企业，企业可以根据自身情况在市场自由买入或卖出排污权，这种经济手段能够降低政府部门的管理成本，提高企业治理污染的积极性，促使企业主动采用先进的工艺流程，促进新技术的研究和开发。

第二，与发达国家接轨，建立完善的环境税收政策，解决“市场失灵”和“政府失灵”问题。例如，美国征收损害臭氧层的化学品消费税、开采税和环境收入税，德国征收矿物油税，荷兰设立燃料税、地表水税等各种生态税，提高了资源价格和污染物排放成本，促使企业改进生产流程，推动环保产业的发展。我国并没有真正意义上的环境税收制度，只有一些环保措施零星地体现在各种税中，对环境保护的作用非常有限，因此要立足于国情，逐步增加现行税收制度中与环境有关的税种。就重污染企业而言，主要涉及资源税、水污染税、大气污染税和固体废弃物税等，环境税不但可以增加税收收入用来保护环境，更重要的是能够从源头刺激企业积极改变环境行为，从一定程度上讲，环境税若能成功，表明环境经济政策成功了三分之一，它能够完全取代现有的环境收费政策（袁广达，2010）。

第三，利用绿色保险以应对环境风险，出现环保事故时，由保险公司对受害人进行赔偿，既避免了企业破产，也能减轻政府财政负担。近年来环境事故频发，由于缺乏相应的污染损害赔偿标准和责任保险制度，外部污染受害者难以得到应有赔偿，引发了许多社会矛盾，2011 年中海油蓬莱渤海湾漏油事故和哈药总厂“污染门”事件便是典型的例子，因此，环境的预防管理很有意义，建立环境污染责任险和赔偿机制，发挥绿色保险的社会管理和经济补偿职能非常重要。

第四，通过生态补偿机制调整利益相关者的利益分配以改善或恢复生态功能，其中最直接的手段便是财政转移支付。笔者在收集数据的过程中也发现，我国已开始实施部分生态补偿措施，如对生态环境保护突出的企业提供财政补贴和奖励，优先关注和补偿水资源保护区、提供专项资金以补偿矿区生态破坏，这对保证各区域环境和谐、地方统筹利益分配有重要意义。

第五，落实绿色信贷政策，实现绿色金融。目前国际信贷和经济援助已逐渐向绿色倾斜，国际性的金融机构将贷款项目的环境影响评估作为主要贷款衡量标准之一来考虑。我国政府也应当引导商业银行实施绿色证券政策，提高市场的环境准入门槛，建立严格的环境增发和配股制度，斩断污染企业的资金链条，限制其低效扩张状态；相反，对那些绿色新兴产业，则应提供贷款扶持和利率优惠，推行绿色贷款，帮助企业更快地成长。

第六，加强绿色贸易壁垒，通过强制性技术法规抬高进出口环境门槛。若想平衡好进出口贸易与我国环保的利益关系，一方面要严把进口关，若通过宽松的环境管制吸引外国投资，只能引来那些污染重、社会责任心差、流程落后、缺乏竞争力的企业，故要抬高我国的环境准入门槛，强化废弃物进口监督，国外资源型和污染型企业进入我国需执行严格的环境管理体系，有权威的绿色认证标志，并开征环境补偿费；另一方面要严把出口关，尤其限制能源产品和低附加值矿产品的出口，必要时开征出口关税，甚至自然资源有偿使用税。

二、环境信息披露制度构建层面

我国环境会计信息披露水平总体较低，企业披露数量比例不高，主要以定性描述为主，披露形式混乱多样，导致信息的实用性较差。前面已得知，环境信息披露将是近期环境会计理论研究和实践应用最重要的题目，如何提高环境信息的可靠性、可比性、相关性和及时性，降低其模糊性，成为未来环保部门监督重污染企业的关键。由此，我们提出以下几点建议：

第一，推进环境会计及信息披露准则的完善。以法律形式为环境会计的顺利发展创造良好条件，并促进环境会计的全面普及，具体主要包括环境资产、环境负债、环境收益、环境费用、环境成本、环境利润等概念的确认和计量，环境业务的会计处理方法。需要注意的是，具体行业的环境问题差异巨大，应结合各行业的特点以保证环境准则的适应性，并注意与原有准则连贯和协调，以避免准则间相互冲突。

第二，要求各企业制定独立的环境报告书。环保部于 2014 年 10 月 19 日发布的《关于改革调整上市环保核查工作制度的通知》规定，上市公司应按照有关法律要求及时、完整、真实、准确地公开环境信息，并按照《企业环境报告书编制导则》（HJ617—2011）定期发布企业环境报告书。环境报告书质量较高、数据全面、可信度和可辨识度很高，环保部的这一规定是对环境信息披露实践的重要突破，未来随着环境报告书的不断完善，可以逐渐进化到专业的环境会计报

告书，届时数据使用者能够更直观地看到企业环境活动的财务信息和绩效信息。

第三，建立健全环境信息披露的法律法规。逐步加大环保方面的法制建设和资金投入，以法律的形式确定环境会计的地位和作用。一方面，政府应在环境法律法规的基础上认真约束企业环境行为，严格执行依法治国理念；另一方面，政府应利用中介机构和经济手段进行间接管制（宋子义，2012），促使企业积极提高环境透明度。政府在推动环境信息披露方面的作用最为关键，没有有威慑力的法律法规做后盾，所谓的环境会计准则和环境报告书不过是空中楼阁。

第四，设置有关环境信息披露的奖惩机制。当企业积极披露高质量的环境信息时，政府给予政策优惠和税收减免，甚至利用媒体宣传和环境奖章进一步激励企业；相应地，若企业不积极披露环境信息，或披露的正面环境信息被证实是虚假的，则要受到经济处罚和行政处罚，并被记入环境诚信档案公布于众，对于国有企业，该项还可以与管理层的行政职务挂钩。

第五，完善环境审计体系。明确审计部门在环境审计中的工作范围，创建一套可操作性强的环境审计职业规范，加强环境审计的交流和协调，积极吸取国外环境审计的经验教训，结合我国特殊国情，建立有中国特色的环境审计体系，并开始在大学储备环境审计和环境会计专业人才，帮助我国环境审计尽早走入实践，成为环境信息披露的强有力补充。

第六，不遗余力推动公众参与。我国环保事业的公众介入度较低，环保事业变成少数人的事最终将一事无成，只有通过舆论监督、学校教育、媒体宣传等多种手段，提高企业内成员和公众的环境意识与维权意识，加强公众参与的有效性，才能给企业有力的震慑，帮助政府及早发现企业带来的环境问题。

三、政治关联层面

政治关联会显著抑制环境信息披露和环境绩效，不利于对企业环境行为的监督。如前文所言，政治关联从两个层面影响企业环境效益，政府为经济利益可能主动降低环境管制标准，企业则通过高管的利益和职能重叠逃避环保投入，因此，我们就这两个尺度提出如下建议：

对政府而言，地方重经济、轻环境的状况在全国各地都比较普遍，而环保职能部门的权限交叉[①]、各自为政，导致部门利益冲突、环境权限混乱、环境信息分割等一系列问题（齐晔，2008），为地方保护主义进一步提供了操控空间。因此，一方面要加强地方党政干部考核指标中的环境保护权重，将其作为政治升迁的重要依据；另一方面，切实明确各职能部门的环境管理内容，简化管理流程，以尽可能降低政府的职能扭曲程度。

对企业而言，政府要制定相关政策避免政企混搭，如政府官员的交流挂职场所应避开重污染企业，退休官员不能被返聘为企业的高级管理人员，行业协会的成员也不可以担任企业独立董事（姚圣，2011）。同时，还应将有政治关联背景的企业作为长期、重点环境监控对象。

① 如海水归海洋局管理，地表水归水利部管理，地下水归矿产局管理，这三个部门分别制定了各自的政策和法规，割裂了水这单一元素的管制和综合决策的制定。

参考文献

[1] 毕茜，彭珏，左永彦．环境信息披露制度、公司治理和环境信息披露［J］．会计研究，2012（7）：39－96.

[2] 陈静，林逢春，杨凯．基于生态效益理念的企业环境绩效动态评估模型［J］．中国环境科学，2007，27（3）：717－720.

[3] 陈璇，淳伟德．企业环境绩效综合评价：基于环境财务与环境管理［J］．社会科学研究，2010（6）：38－42.

[4] 陈璇，淳伟德．环境绩效、环境信息披露与经济绩效相关性研究综述［J］．软科学，2010，24（6）：137－140.

[5] 陈璇，Knut Bjorn Lindkvist. 环境绩效与环境信息披露：基于高新技术企业与传统企业的比较［J］．管理评论，2013，25（9）：117－130.

[6] 程巧莲，田也壮．中国制造企业环境战略、环境绩效与经济绩效的关系研究［J］．中国人口·资源与环境，2012，22（11）：116－118.

[7] 高明华．公司治理学［M］．北京：中国经济出版社，2009：27－28.

[8] 何平林，石亚东，李涛．环境绩效的数据包络分析方法——一项基于我国火力发电厂的案例研究［J］．会计研究，2012（2）：11－17.

[9] 胡健，李向阳，孙金花．中小企业环境绩效评价理论与方法研究［J］．科研管理，2009，30（2）：150－165.

[10] 黄珺，周春娜．股权结构、管理层行为对环境信息披露影响的实证研

究——来自沪市重污染行业的经验证据［J］．中国软科学，2012（1）：133－143.

［11］雷倩华，罗党论，王珏．环保监管、政治关联与企业价值——基于中国上市公司的经验证据［J］．山西财经大学学报，2014，36（9）：81－91.

［12］林汉川，王莉，王分棉．环境绩效、企业责任与产品价值再造［J］．管理世界，2007（5）：155－157.

［13］路晓燕，林文雯，张敏．股权性质、政治压力和上市公司环境信息披露——基于我国重污染行业的经验数据［J］．中大管理研究，2012，7（4）：114－136.

［14］罗榜圣，李安周．企业环境管理［M］．重庆：重庆大学出版社，2005：14－19.

［15］吕峻，焦淑艳．环境披露、环境绩效和财务绩效关系的实证研究［J］．山西财经大学学报，2011（1）：109－116.

［16］吕峻．公司环境披露与环境绩效关系的实证研究［J］．管理学报，2012，9（12）：1856－1863.

［17］孟晓俊，肖作平，曲佳莉．企业社会责任信息披露与资本成本的互动关系——基于信息不对称视角的一个分析框架［J］．会计研究，2010（9）：25－29.

［18］彭海珍，任荣明．所有制结构与环境业绩［J］．中国管理科学，2004，12（3）：89－99.

［19］齐晔．中国环境监管体制研究［M］．上海：生活·读书·新知三联书店，2008：323－324.

［20］秦颖，武春友，翟鲁宁．企业环境绩效与经济绩效关系的理论研究与模型构建［J］．系统工程理论与实践，2004（8）：111－117.

［21］沈洪涛，游家兴，刘江宏．融资环保核查、环境信息披露与权益资本成本［J］．金融研究，2010（12）：159－172.

［22］沈洪涛，冯杰．舆论监督、政府监管与企业环境信息披露［J］．会计研究，2012（2）：72－79.

［23］沈洪涛，黄珍，郭肪汝．告白还是辩白——企业环境表现与环境信息披露关系研究［J］．南开管理评论，2014，17（2）：56－63.

［24］宋子义．环境会计信息披露研究［J］．北京：中国社会科学出版社，2012：12－13.

［25］孙燕燕，王维红，戴昌钧．企业环境绩效与经济绩效的关系研究——基于 Meta 分析［J］．软科学，2014，28（3）：61－64.

［26］唐国平，李龙会，吴德军．环境管制、行业属性与企业环保投资［J］．会计研究，2013（6）：83－89.

［27］万寿义，刘正阳．制度安排、环境信息披露与市场反应——基于监管机构相关规定颁布的经验研究［J］．理论学刊，2011（11）：44－48.

［28］王立彦，林小池．ISO14000 环境管理认证与企业价值增长［J］．经济科学，2006（3）：97－105.

［29］王建明．环境信息披露、行业差异和外部制度压力相关性研究——来自我国沪市上市公司环境信息披露的经验证据［J］．会计研究，2008（6）：54－62.

［30］汪克亮，杨宝臣，杨力．基于环境效应的中国能源效率与节能减排潜力分析［J］．管理评论，2012，24（8）：40－50.

［31］王霞，徐晓东，王宸．公共压力、社会声誉、内部治理与企业环境信息披露——来自中国制造业上市公司的证据［J］．南开管理评论，2013，16（2）：82－91.

［32］吴翊民．基于成本收益的企业环境信息披露研究［D］．南开大学博士学位论文，2009.

［33］肖华，张国清．公共压力与公司环境信息披露——基于“松花江事件”的经验研究［J］．会计研究，2008（5）：15－22.

［34］杨东宁．企业环境绩效与经济绩效的动态关系模型［J］．中国工业经济，2004（4）：43－50.

［35］姚圣．政治关联、环境信息披露与环境业绩［J］．财贸研究，2011

(4): 78 - 85.

[36] 伊志宏, 姜付秀, 秦义虎. 产品市场竞争、公司治理与信息披露质量 [J]. 管理世界, 2012 (1): 133 - 141.

[37] 袁广达. 环境会计与管理路径研究 [M]. 北京: 经济科学出版社, 2010: 219 - 222.

[38] 袁洋. 环境信息披露质量与股权融资成本——来自沪市 A 股中污染行业的经验证据 [J]. 中南财经政法大学学报, 2014 (1): 126 - 136.

[39] 曾颖, 陆正飞. 信息披露质量与股权融资成本 [J]. 经济研究, 2006 (2): 69 - 79.

[40] 钟朝宏. 中外企业环境绩效评价规范的比较研究 [J]. 中国人口·资源与环境, 2008, 18 (4): 6 - 10.

[41] Aerts W, Cormier D, Magnan M. Corporate Environmental Disclosure, Financial Markets and the Media: An International Perspective [J]. *Ecological Economics*, 2008 (64): 643 - 659.

[42] Aerts W, Cormier D. Media Legitimacy and Corporate Environmental Communication [J]. *Accounting, Organizations and Society*, 2009 (34): 1 - 27.

[43] Albertini E. A Descriptive Analysis of Environmental Disclosure: A Longitudinal Study of French Companies [J]. *Journal of Business Ethics*, 2014 (121): 233 - 254.

[44] Albornoz F, Matthew C A, Robert R J. In Search of Environmental Spill Overs [J]. *The World Economy*, 2009, 32 (1): 136 - 163.

[45] Al - Tuwaijri S A, Christensen T E, Hughes K E. The Relations among Environmental Disclosure, Environmental Performance, and Economic Performance: A Simultaneous Equations Approach [J]. *Accounting, Organizations and Society*, 2004, 29 (5/6): 447 - 471.

[46] Andreas Z, Michael S. The Effect of Environmental and Social Performance on the Stock Performance of European Corporations [J]. *Environ Resource Econ*, 2007

(37): 661 -680.

[47] Aragon - Correa J A, Sharma S A. A Contingent Resource - Based View of Proactive Corporate Environmental Strategy [J]. *Academy of Management Review*, 2003, 28 (1): 71 -88.

[48] Arend R. Social and Environmental Performance at SMEs: Considering Motivations, Capabilities, and Instrumentalism [J]. *Journal of Business Ethics*, 2014, 125 (4): 541 -561.

[49] Arouri M H, Caporale G M, Rault C. Environmental Regulation and Competitiveness: Evidence from Romania [J]. *Ecological Economics*, 2012 (81): 130 - 139.

[50] Azorin M, Fetal J. Environmental Practices and Firm Performance: An Empirical Analysis in the Spanish Hotel Industry [J]. *Journal of Cleaner Production*, 2009, 17 (5): 516 -524.

[51] Bae H. Voluntary Disclosure of Environmental Performance: Do Publicly and Privately owned Organizations Face Different Incentives/Disincentives? [J]. *American Review of Public Administration*, 2014, 44 (4): 459 -476.

[52] Bartkoski N N, Sharfman M P, Fernando C S. Environmental Risk Management and Cost of Capital: An International Perspective [J]. *Academy of Management Annual Meeting Proceedings*, 2010 (12): 1 -6.

[53] Basalamsh A S, Jermias J. Social and Environmental Reporting and Auditing in Indonesia: Maintaining Organizational Legitimacy [J]. *Gadjah Mada International Journal of Business*, 2005, 7 (1): 109 -127.

[54] Bewley K, Li Y. Disclosure of Environment Information by Canadian Manufacturing Companies a Voluntary Disclosure Perspective [J]. *Advances in Environmental Accounting and Management*, 2000 (1): 201 -226.

[55] Brammer S, Brooks C, Pavelin S. Corporate Social Performance and Stock Returns: UK Evidence from Disaggregate Measures [J]. *Financial Management*,

2006, 135 (3): 97 –116.

[56] Brammer S, Pavelin S. Voluntary Environmental Disclosure by Large UK Companies [J] . *Journal of Business Finance & Accounting*, 2006, 33 (7/8): 1168 –1188.

[57] Brammer S, Pavelin S. Factors Influencing the Quality of Corporate Environmental Disclosure [J] . *Business Strategy & the Environment*, 2008, 17 (2): 120 –136.

[58] Brian W J, Vinod R S, Ravi S. An Empirical Investigation of Environmental Performance and the Market Value of the Firm [J] . *Journal of Operations Management*, 2010, 28 (5): 430 –441.

[59] Burnett R D, Hansen D R. Eco – efficiency: Defining a Role for Environmental Cost Management [J] . *Accounting, Organizations and Society*, 2008, 33 (6): 551 –581.

[60] Chapple K K, Kroll C, Lester T W. Innovation in the Green Economy: An Extension of the Regional Innovation System Model [J] . *Economic Development Quarterly*, 2011, 25 (1): 5 –25.

[61] Charles H C, Dennis M P, Robin W R. Corporate Political Strategy: An Examination of the Relation between Political Expenditures, Environmental Performance, and Environmental Disclosure [J] . *Journal of Business Ethics*, 2006, 67 (Spring): 139 –154.

[62] Charl V, Naiker V. The Effect of Board Characteristics on Firm Environmental Performance [J] . *Journal of Management*, 2011, 37 (6): 1636 –1663.

[63] Cheng L H, Fan H K. Drivers of Environmental Disclosure and Stakeholder Expectation: Evidence from Taiwan [J] . *Journal of Business Ethics*, 2010, 96 (3): 435 –451.

[64] Cherry T L, Kallbekken S, Kroll S. The Acceptability of Efficiency – Enhancing Environmental Taxes, Subsidies and Regulation: An Experimental Investigation

[J] . *Environmental Science & Policy*, 2012 (16): 90 -96.

[65] Cho C, Patten D. The Role of Environmental Disclosures as Tools of Legitimacy: A Research Note [J] . *Accounting, Organization and Society*, 2007, 32 (9): 639 -647.

[66] Cho C, Patten D. Green Accounting: Reflections from a Csr and Environmental Disclosure Perspective [J] . *Critical Perspectives on Accounting*, 2013, 24 (6): 443 -447.

[67] Clarkson P M, Li Y, Richardson G D. The Market Valuation of Environmental Capital Expenditures by Pulp and Paper Companies [J] . *The Accounting Review*, 2004, 79 (2): 329 -353.

[68] Clarkson P M, Li Y, Richardson G D, Vasvari F P. Revisiting the Relation between Environmental Performance and Environmental Disclosure: An Empirical Analysis [J] . *Accounting, Organizations and Society*, 2008, 33 (4/5): 303 -327.

[69] Clarkson P M. Environmental Reporting and its Relation to Corporate Environmental Performance [J] . *Abacus*, 2011, 47 (1): 27 -60.

[70] Cong Y, Freedman M. Corporate Governance and Environmental Performance and Disclosures [J] . *Advances in Accounting*, 2011, 27 (2): 223 -232.

[71] Connelly J T, Limpaphayom P. Environmental Reporting and Firm Performance [J] . *Journal of Corporate Citizenship*, 2004 (13): 137 -149.

[72] Cordeiro J J, Sarkis J. Environmental Proactivism and Firm Performance: Evidence from Security Analyst Earnings Forecasts [J] . *Business Strategy and the Environment*, 1997, 6 (2): 102 -114.

[73] Cormier D, Magnan B V. Environmental Disclosure Quality in Large German Companies: Economic Incentives, Public Pressures or Institutional Conditions [J] . *European Accounting Reasearch*, 2005, 14 (1): 3 -39.

[74] Cormier D, Aerts W. Attributes of Social and Human Capital Disclosure and Information Asymmetry between Managers and Investors [J] . *Canadian Journal of Ad-*

ministrative Sciences, 2009, 26 (1): 71 -88.

[75] Cormier D, Ledoux M, Magnan M. The Informational Contribution of Social and Environmental Disclosures for Investors [A]. SSRN Working Paper, 2009.

[76] Dasgupta S, Laplante B, Mamingi N, Wang H. Inspections, Pollution Prices, and Environmental Performance: Evidence from China [J]. *Ecological Economics*, 2001, 36 (3): 487 -498.

[77] Dawkins C, Fraas J. Erratum to: Beyond Acclamations and Excuses: Environmental Performance, Voluntary Environmental Disclosure and the Role of Visibility [J]. *Journal of Business Ethics*, 2011, 99 (3): 383 -397.

[78] Deegan C, Rankin M, Voght P. Firm's Disclosure Reactions to Major Social Incidents: Australian Evidence [J]. *Accounting Forum*, 2000, 24 (1): 101 - 130.

[79] Dhaliwal D. Voluntary Non - financial Disclosure and the Cost of Equity Capital: The Initiation of Corporate Social Responsibility Reporting [J]. *The Accounting Review*, 2011, 86 (1): 59 -100.

[80] Egri C P, Hornal R C. Strategic Environmental Human Resources Management and Organizational Performance: An Exploratory Study of the Canadian Manufacturing Sector [J]. *The Evolving Theory and Practice of Organizations in the Natual Environment*, 2002, 23 (2): 205 -236.

[81] Elsayed K, Paton D. The Impact of Financial Performance on Environmental Policy: Does Firm Life Cycle Matter [J]. *Business Strategy & the Environment*, 2009, 18 (6): 397 -413.

[82] Fan J P, Wang T J, Zhang T Y. Politically Connected CEOs, Corporate Governance, and Post - IPO Performance of China's Newly Partially Privatized Firms [J]. *Journal of Financial Economics*, 2007, 84 (2): 330 -357.

[83] Fekrat A, Linden C, Pretoria D. Corporate Environmental Disclosure: Competitive Disclosure Hypothesis Using 1991 Annual Data [J]. *The International*

Journal of Accounting, 1998, 31 (2): 175 - 195.

[84] Frank M, Sroufe R, Narasimhan R. An Examination of Corporate Reporting, Environmental Management Practices and Firm Performance [J]. *Journal of Operations Management*, 2007 (25): 998 - 1014.

[85] Freedman M, Wasley C. The Association between Environmental Performance and Environmental Disclosure in Annual Reports and 10ks [M]. Greenwich: JAI Press Inc., 1990: 183 - 193.

[86] Freedman M, Jaggi B. Global Warming, Commitment to the Kyoto Protocol, and Accounting Disclosures by the Largest Global Public Firms from Polluting Industries [J]. *International Journal of Accounting*, 2005, 40 (3): 215 - 232.

[87] Frost C A. Credit Rating Agencies in Capital Markets: A Review of Research Evidence on Selected Criticisms of the Agencies [J]. *Journal of Accouting, Auditing & Finance*, 2007, 22 (3): 469 - 492.

[88] Gautschi F H, Jones T M. Enhancing the Ability of Business Students to Recognize Ethical Issues: An Empirical Assessment of the Effectiveness of a Course in Business Ethics [J]. *Journal of Business Ethics*, 1998, 17 (2): 205 - 216.

[89] Gelb D, Mark H P, Mest D. International Operations and Voluntary Disclosures by US - Based Multinational Corporations [J]. *Advances in Accounting*, 2008, 24 (2): 243 - 249.

[90] Ghazali N A. Ownership Structure and Corporate Social Responsibility Disclosure: Some Malaysian Evidence [J]. *Corporate Governance*, 2007, 7 (3): 251 - 266.

[91] Guthrie J, Parker L. Corporate Social Reporting: A Rebuttal of Legitimacy Theory [J]. *Accounting and Business Research*, 1989, 19 (76): 343 - 352.

[92] Hamilton S F, Zilberman D. Green Markets, Eco - certification, and the Equilibrium Fraud [J]. *Journal of Environmental Economics & Management*, 2006, 52 (3): 627 - 644.

[93] Haniffa R M, Cooke T E. Culture, Corporate Governance and Disclosure in Malaysian Corporations [J]. *Abacus*, 2002, 38 (3): 317-349.

[94] Hankasalo N, Rodhe H, Dalhammar C. Environmental Permitting as a Driver for Eco-efficiency in the Dairy Industry: A Closer Look at the IPCC Directive [J]. *Journal of Cleaner Production*, 2005, 13 (10/11): 1049-1060.

[95] Hart S L. A Natural-Resource-Based View of the Firm [J]. *Academy of Management Review*, 1995, 20 (4): 986-1014.

[96] Hart S L, Borjas G. Does it Pay to be Green? An Empirical Examination of the Relationship between Emission Reduction and Firm Performance [J]. *Business Strategy and the Environment*, 1996 (5): 119-123.

[97] He C, Loftus J. Does Environmental Reporting Reflect Environmental Performance? Evidence from China [J]. *Pacific Accounting Review* (*Emerald Group Publishing Limited*), 2014, 26 (1/2): 134-154.

[98] Henri J F, Journeault M. Harnessing Eco-Control to Boost Environmental and Financial Performance [J]. *CMA Management*, 2008, 82 (5): 29-34.

[99] Hughes S, Anderson A, Golden S. Corporate Environmental Disclosures: Are they Useful in Determining Environmental Performance [J]. *Journal of Accounting and Public Policy*, 2001, 20 (3): 217-240.

[100] Jaggi B, Freedman M. An Examination of the Impact of Pollution Performance on Economic and Market Performance: Pulp and Paper Firms [J]. *Journal of Business Finance and Accounting*, 1992, 19 (5): 693-713.

[101] Johnstone N, Labonne J. Why do Manufacturing Facilities Introduce Environmental Management Systems? Improving and/or Signaling Performance [J]. *Ecological Economics*, 2009, 68 (3): 719-730.

[102] Josefina L, Murillo L. Why do Patterns of Environmental Response Differ? A Stakeholders' Pressure Approach [J]. *Strategic Management Journal*, 2008, 29 (11): 1225-1240.

[103] Karim K E, Lacina M J. The Association between Firm Characteristics and the Level of Environmental Disclosure in Financial Statement Footnotes [J]. *Environmental Accounting and Management*, 2006 (3): 77 – 109.

[104] Keim G. Managerial Behavior and the Social Responsibilities Debate: Goals versus Constraints [J] . *Academy of Management Journal*, 1978, 21 (1): 57 – 68.

[105] Kimberley W A, Steven C F, Sun J. The Effect of Globalization and Legal Environment on Voluntary Disclosure [J] . *The International Journal of Accounting*, 2008, 43 (3): 219 – 245.

[106] King A A, Lenox M J. Does it Really Pay to be Green? An Empirical Study of Firm Environmental and Financial Performance [J] . *Forthcoming in the Journal of Industrial Ecology*, 2001, 5 (1): 106 – 116.

[107] Klassen R D, McLaughlin C P. The Impact of Environmental Management on Firm Performance [J] . *Management Science*, 1996, 42 (8): 1199 – 1214.

[108] Klein A. Audit Committee, Board of Director Characteristics, and Earnings Management [J] . *Journal of Accounting and Economics*, 2002, 33 (3): 375 – 400.

[109] Kock C J, Santalo J, Diestre L. Corporate Governance and the Environment: What Type of Governance Creates Greener Companies? [J] . *Journal of Management Studies*, 2012, 49 (3): 492 – 514.

[110] Konar S, Cohen M A. Does the Market Value Environmental Performance [J] . *Review of Economics & Statistics*, 2001, 83 (2): 281 – 289.

[111] Laporta R, Lopez – de – Silanes F. Corporate Ownership around the World [J] . *Journal of Finance*, 1999, 54 (2): 471 – 517.

[112] Lars H, Henrik N, Siv N. The Value Relevance of Environmental Performance [J] . *European Accounting Review*, 2005, 14 (1): 41 – 61.

[113] Latridis G E. Environmental Disclosure Quality: Evidence on Environmental Performance, Corporate Governance and Value Relevance [J] . *Emerging Markets*

Review, 2013 (14): 55 - 75.

[114] Le X Q, Vu V H, Hens L. Stakeholder Perceptions and Involvement in the Implementation of EMS in Ports in Vietnam and Cambodia [J]. *Journal of Cleaner Production*, 2014 (64): 173 - 193.

[115] Linder M, Bjorkdahl J, Ljungberg D. Environmental Orientation and Economic Performance: A Quasi - Experimental Study of Small Swedish Firms [J]. *Business Strategy & the Environment*, 2014, 23 (5): 333 - 348.

[116] Ling Q H, Mowen M M. Competitive Strategy and Voluntary Environmental Disclosure: Evidence from the Chemical Industry [J]. *Accounting & the Public Interest*, 2013, 13 (1): 55 - 84.

[117] Liu X, Anbumozhi V. Determinant Factors of Corporate Environmental Information Disclosure: An Empirical Study of Chinese Listed Companies [J]. *Journal of Cleaner Production*, 2009, 17 (6): 593 - 600.

[118] Liu X, Yu Q, Fujitsuka T. Functional Mechanisms of Mandatory Corporate Environmental Disclosure: An Empirical Study in China [J]. *Journal of Cleaner Production*, 2010, 18 (8): 823 - 832.

[119] Loureiro M, Loomis J. International Public Preferences and Provision of Public Goods: Assessment of Passive Ufse Values in Large Oil Spills [J]. *Environmental and Resource Economics*, 2013, 56 (4): 521 - 534.

[120] Makni R, Francoeur C, Bellavance F. Causality between Corporate Social Performance and Financial Performance: Evidence from Canadian Firms [J]. *Journal of Business Ethics*, 2009 (89): 409 - 422.

[121] Matsukawa I. The Welfare Effects of Environmental Taxation on a Green Market where Consumers Emit a Pollutant [J]. *Environmental and Resource Economics*, 2012, 52 (1): 236 - 256.

[122] Matthew C A, Robert R J, Shimamoto K. Globalization, Firm - level Characteristics and Environmental Management: A study of Japan [J]. *Ecological Eco-*

nomics, 2006, 59 (3): 312 -323.

[123] Matthew C A, Robert R J, Strobl E. The Environmental Performance of Firms: The Role of Foreign Ownership, Training, and Experience [J] . *Ecological Economics*, 2008 (34): 538 -546.

[124] McWilliams A, Siegel D S. Corporate Social Responsibility: Strategic Implications [J] . *Journal of Management Studies*, 2006, 43 (1): 1 -18.

[125] Meng X, Zeng S, Tam C. Whether Top Executives' Turnover Influences Environmental Responsibility: From the Perspective of Environmental Informating Disclosure [J] . *Journal of Business Ethics*, 2013, 114 (2): 341 -353.

[126] Menguc B, Seigyoung A, Lucie O. The Interactive Effect of Internal and External Factors on a Proactive Environmental Strategy and its Influence on a Firm's Performance [J]. *Journal of Business Ethics*, 2010, 94 (2): 279 -298.

[127] Minow N, Deal M. The Shareholders' Green Focus [J] . *Directors & Boards*, 1991, 15 (4): 35 -39.

[128] Newgren K, Rasher A A, Laroe M E. An Empirical Investigation of the Relationship between Environmental Assessment and Corporate Performance [J]. *Academy of Management Proceedings*, 1984 (10): 352 -356.

[129] Nike O G, Janice C Y. The Economic Consequences of Voluntary Environmental Information Disclosure [J] . *The Journal of Economic Perspectives*, 2006, 33 (6): 127 -131.

[130] Nola B. Looking behind the Curtain: A Structuration View on the Initiation of Environmental Report [J] . *Critical Perspective on Accounting*, 2002, 47 (4): 613 -625.

[131] Nyilasy G, Gangadharbatla H, Paladino A. Perceived Greenwashing: The Interactive Effects of Green Advertising and Corporate Environmental Performance on Consumer Reactions [J] . *Journal of Business Ethics*, 2014, 125 (4): 693 -707.

[132] O' Donovan G. Environmental Disclosures in the Annual Report - exten-

ding the Applicability and Predictive Power of Legitimacy Theory [J] . *Accounting, Auditing and Accountability Journal*, 2002, 15 (3): 344 –371.

[133] Ohlson J A, Juettner – Nauroth B E. Expected EPS and EPS Growth as Determinants of Value [J] . *Review of Accounting Studies*, 2005 (10): 349 –365.

[134] Orsato R J. Competitive Environmental Strategies: When does it Pay to be Green [J] . *California Management Review*, 2006, 48 (2): 127 –143.

[135] Palmer K, Oates W E, Portney P R. Tightening Environmental Standards: The Benefit – cost or the No – cost Paradigm [J] . *The Journal of Economic Perspectives*, 1995, 9 (4): 119 –132.

[136] Pargal S, Wheeler D. Informal Regulation of Industrial Pollution in Developing Countries: Evidence from Indonesia [J] . *Journal of Political Economy*, 1996, 106 (6): 1314 –1327.

[137] Pascual B, Luis R G. Environmental Performance and Executive Compensation: An Integrated Agency – institutional Perspective [J] . *Academy of Management Journal*, 2009, 52 (1): 103 –126.

[138] Pascual B, Cristina C, Luis R. Socioemotional and Wealth and Corporate Responses to Institutional Pressures: Do Family – controlled Firms Pollute Less [J]. *Administrave Science Quarterly*, 2010 (103): 230 –244.

[139] Patten D M. The Relation between Environmental Performance and Environmental Disclosure: A Research Note [J] . *Accounting, Organizations and Society*, 2002, 27 (8): 763 –773.

[140] Patten D M, Trompeter G. Corporate Responses to Political Costs: An Examination of the Relation between Environmental Disclosure and Earnings Management [J] . *Journal of Accounting and Public Policy*, 2003, 22 (1): 83 –94.

[141] Pattern D. Exposure, Legitimacy and Social Disclosure [J] . *Journal of Accounting and Public Policy*, 1991 (10): 297 –311.

[142] Patton A, Baker A J. Why won't Directors Rock the Boat [J]. *Harvard*

Business Review, 1987 (12): 10 - 18.

[143] Peters G, Romi A. Does the Voluntary Adoption of Corporate Governance Mechanisms Improve Environmental Risk Disclosures? Evidence from Greenhouse Gas Emission Accounting [J]. *Journal of Business Ethics*, 2014, 125 (4): 637 - 666.

[144] Picazo T A, Castillo G J, Beltran E M. An Intertemporal Approach to Measuring Environmental Performance with Directional Distance Functions: Greenhouse Gas Emissions in the European Union [J]. *Ecological Economics*, 2014 (100): 173 - 182.

[145] Plumlee M S, Marshall D B. Voluntary Environmental Disclosure Quality and Firm Value: Roles of Venue and Industry Type [A]. SSRN Working Paper, 2009.

[146] Porteiro N. Pressure Groups and Experts in Environmental Regulation [J]. *Journal of Economic Behavior & Organization*, 2008, 65 (1): 156 - 175.

[147] Porter M E, VanderL C. Green and Competitive: Ending the Statemate [J]. *Harvard Business Review*, 1995, 73 (5): 120 - 134.

[148] Porter M E, Mark K. The Link between Competitive Advantage and Corporate Social Responsibility [J]. *Harvard Business Review*, 2006, 84 (12): 78 - 92.

[149] Ramanathan R, Poomkaew B, Nath P. The Impact of Organizational Pressures on Environmental Performance of Firms [J]. *Business Ethics: A European Review*, 2014, 23 (2): 169 - 182.

[150] Rassier D G, Earnhart D. Short - run and Long - run Implications of Environmental Regulation on Financial Performance [J]. *Contemporary Economic Policy*, 2011, 29 (3): 357 - 373.

[151] Reed J. How to Increase the Impact of Environmental Performance Audits [J]. *International Journal of Government Auditing*, 2014, 41 (2): 17 - 23.

[152] Reigenga A L. Environmental Regulation, Capital Intensity, and Cross - sectional Variation in Market Returns [J]. *Journal of Accounting and Public Policy*,

2000, 19 (2): 189 - 198.

[153] Richard A J, Greening D W. The Effects of Corporate Governance and Institutional Ownership Types on Corporate Social Performance [J]. *Academy of Management Journal*, 1999, 42 (5): 564 - 576.

[154] Richardson A J, Welker M, Hutchinson I R. Managing Capital Macket Reactions to Corporate Social Responsibility [J]. *International Journal of Management Reviews*, 1999, 1 (1): 17 - 43.

[155] Rockness J W. An Assessment of the Relationship between US Corporate Environmental Performance and Disclosure [J]. *Journal of Business Finance and Accounting*, 1985, 12 (3): 339 - 354.

[156] Rockness J W, Schlachter P, Rockness H. Hazardous Waste Disposal, Corporate Disclosure and Financial Performance in the Chemical Industry [J]. *Advances in Public Interest Accounting*, 1986, 1 (1): 167 - 191.

[157] Romstad E. Environmental Policies for Changing Times [J]. *Journal of Forest Economics*, 2005, 11 (3): 123 - 129.

[158] Russo F A. Resource - based Perspective on Corporate Environmental Performance and Profitability [J]. *Academy of Management Journal*, 1997 (40): 534 - 559.

[159] Salo J. Corporate Governance and Environmental Performance: Industry and Country Effects [J]. *Competition & Change*, 2008, 12 (4): 328 - 354.

[160] Schneider T E. Is there a Relation between the Cost of Debt and Environmental Performance: An Empirical Investigation of the US Pulp and Paper Industry 1994 - 2005 [A]. SSRN Working Paper, 2008.

[161] Schneider T E. Is Environmental Performance a Determinant of Bond Pricing? Evidence from the US Pulp and Paper and Chemical Industries [J]. *Contemporary Accounting Research*, 2011, 28 (5): 1537 - 1561.

[162] Seong R L, Donghee P, Jong M P. Analysis of Effects of an Objective

Function on Environmental and Economic Performance of a Water Network System Using Life Cycle Assessment and Life Cycle Costing Methods [J]. *Journal of Chemical Engineering*, 2008, 144 (3): 368 - 378.

[163] Share P B, Spicer H H. Market Response to Environmental Information Produce Outside the Firm [J]. *The Accounting Review*, 1983 (18): 521 - 538.

[164] Sharfman M P, Fernando C S. Environmental Risk Management and the Cost of Capital [J]. *Strategic Management Journal*, 2008 (29): 569 - 592.

[165] Sharma H. Proactive Corporate Environmental Strategy and the Development of Competitively Valuable Organizational Capabilities [J]. *Strategic Management Journal*, 1998 (19): 729 - 753.

[166] Sharma S. Managerial Interpretations and Organizational Context as Predictors of Corporate Choice of Environmental Strategy [J]. *Academy of Management Journal*, 2000 (43): 581 - 597.

[167] Simon S M, Kar S W. A Study of the Relationship between Corporate Structures and the Extent of Voluntary Disclosure [J]. *Journal of international accounting*, *Auditing and Taxation*, 2001 (10): 139 - 156.

[168] Simpson R D, Bradford III, Robert L. Taxing Variable Cost: Environmental Regulation as Industrial Innovation [J]. *Journal of Environmental Economics & Management*, 1996, 30 (3): 282 - 301.

[169] Singh N, Park Y H, Tolmie. Green Firm - specific Advantages for Enhancing Environmental and Economic Performance [J]. *Global Business & Organizational Excellence*, 2014, 34 (1): 6 - 17.

[170] Smith T. Institutional and Social Investors Find Common Ground [J]. *Journal of Investing*, 2005 (114): 57 - 65.

[171] Stanwick, Peter A. The Relationship between Corporate Social Performance, and Organizational Size, Financial Performance, and Environmental Performance: An Empirical Examination [J]. *Journal of Business Ethics*, 1998, 17 (2):

195 – 204.

[172] Susmita D, Benoit L. Pollution and Capital Markets in Developing Country [J]. *Journal of Environmental Economics and Management*, 2001, 23 (4): 52 – 76.

[173] Telle K. It Pays to be Green, a Premature Conclusion [J]. *Environmental & Resource Economics*, 2006 (35): 195 – 220.

[174] Teng M J, Wu S Y. Environmental Commitment and Economic Performance – short – term for Long – term Gain [J]. *Environmental Policy & Governmance*, 2014, 24 (1): 16 – 27.

[175] Testa F, Rizzi F, Daddi T. EMAS and ISO14001: The Differences in Effectively Improving Environmental Performance [J]. *Journal of Cleaner Production*, 2014 (68): 165 – 173.

[176] Walley N, Whiethead B. It's not Easy Being Green [J]. *Harvard Business Review*, 1994 (5): 46 – 52.

[177] Walls J L, Pascual B. Corporate Governance and Environmental Performance: Is there really a Link [J]. *Strategic Management Journal*, 2012, 33 (8): 885 – 913.

[178] Wiseman J. An Evaluation of Environmental Disclosures Made in Corporate Annual Reports [J]. *Accounting, Organizations and Society*, 1982, 7 (1): 53 – 63.

[179] Zahra S A, Pearce J A. Boards of Directors and Corporate Financial Performance: A Review and Integrated Model [J]. *Journal of Management*, 1989 (15): 291 – 334.

[180] Zeeuw D A. Key Issues for Attention from Ecological Economists [J]. *Environment & Development Economics*, 2008, 13 (1): 21 – 24.

[181] Zeng S X, Xu X D, Dong Z Y, Vivian W Y. Twards Corporate Environmental Information Disclosure: An Empirical Study in China [J]. *Journal of Cleaner Production*, 2010, 18 (12): 1142 – 1148.

[182] Zeng S X, Xu X D, Yin H. Factors that Drive Chinese Listed Companies in Voluntary Disclosure of Environmental Information [J] . *Journal of Business Ethics*, 2012, 109 (3): 309 - 321.

后　记

本书是笔者在博士学位论文原稿的基础上修改而成。虽已离开对外经济贸易大学国际商学院近三年，但回想起那段日子仍感慨良多，值得回忆的人和经历实在太多，这段读博的岁月，压力最大，得到的帮助最多，最终的收获也最大，让我越来越学会感谢和感恩。

首先要感谢我的导师叶陈刚教授。感谢叶老师为本书提供的思路和创意，在前两个题目最终无法继续进行的情况下，给我指明了新的方向。在做论文的过程中，叶老师不厌其烦地与我讨论，事无巨细地指点迷津，给我极大的宽容和忍耐。求学期间，叶老师在生活上也都给了我无微不至的关怀，他积极向上的人生态度、勤奋严谨的工作作风、孜孜不倦的敬业精神和宽广坦荡的胸怀，不仅激励着我不断努力求索，更为我今后的学习和工作树立了楷模，使我受益终生。感谢论文开题时王立彦教授、汤谷良教授、吴革教授、郑建民教授给予的一针见血的批评和宝贵的意见及建议，还要感谢国际商学院雷光勇教授、范黎波教授、张建平教授、戚依南教授、祝继高教授、陈德球教授、续芹老师的耐心指导和悉心帮助，使我对文章的思考更为深入。

感谢我的家人，感谢父亲和母亲含辛茹苦的养育，永远的默默支持，感谢懂事的孩子，他们的支持是我最坚强的后盾，使我战胜了生活中一个又一个困难，他们是我未来不断前进的动力。

感谢我的博士同窗刘猛、李欣、马辉、姚海棠、张英、王海菲、孟东梅、杨志勇、王文、金鑫、王鹂、吴德军、张立娟、刘桂春、王圆圆、刘建波，我们共同度过了艰难而美好的博士时光，他们真诚的友谊让我深深感受到了人世间最美好的同窗之情。

最后，感谢这段博士生涯给我人生中最大的成长和收获。未来，继续坚定前行。